JN130296

地球外生命と人類の未来

目次

姉のエリザベス・フランクと、私たちが歩んできた長く奇妙な道に本書を捧げる。あなたのユーモア、決意、キャンプドーソンでの友情は、この道を歩むにあたってつねに私とともにあった。

地球外生命と人類の未来　人新世の宇宙生物学

はじめに　惑星と文明プロジェクト

宇宙のティーンエイジャー

ティーンエイジャーであふれかえる部屋を想像してみよう。円を描くように椅子が並べられ、部屋には安物の洗剤のにおいと不安に満ちた空気が漂っている。子どものほとんどは十代後半だ。いかにも「つまらねえ」といった様子をして椅子にだらりと腰掛けている子どももいれば、前のめりになって話に聞き入っている子どももいる。彼らは、他の子どもたちの前で自分のストーリーを語るためにこの部屋に集められている。黒いマニキュアをし、ブラック・サバス〔ロックバンド〕のTシャツを着た一六歳の少女は、ハイスクールで麻薬の売買をしていて逮捕された。腕に趣味の悪いタトゥーを入れたやせこけた少年は、祖父の車を無免許で面白半分に乗り回しているうちに捕まった。つまり彼らは皆、歩むべき道を踏み外したためにここにいるのだ。自分の生活には、ある程度自分自身で責任をとれるはずの年齢に達していながら、彼らは誤った選択、それも自己の破滅をもたらし得る選択をしてしまったのである。

こうして一人ひとりが順番に、どのような経緯でここにやって来たのかを語っているのだ。破綻したのも同然の家族の出身者もいれば、孤独と不安に苛まれている子どももいる。しかし自己のストーリーを語ることで、ちょっとした洞察を得る子どももいた。この洞察は、それまでは想像することも、真に感じることもできなかったものであった。

「自分一人ではない」「自分が最初ではない」というひらめきを。

この集会と、皆が語るストーリーは、子どもたちの何人かにその種の境遇が自分に限られた話ではないという洞察を得る機会を与えた。一人ひとりの子どもが語るストーリーは、特定の個人にそれほど限られたものではない。いつの時代にも、その年齢の子どもたちの一部は、同じ道を歩んできたのであり、なかにはそこを抜け出す方法を見つけて成長を遂げることのできた子どももいたのである。

●●●

高度な文明を発達させてきた私たち人類は、この子どもたちに似ている。

文明と呼ばれる大規模な集団プロジェクトは、最終氷河期が終わり、地球の気候が温暖湿潤になりつつあった、今からおよそ一万年前に始まった。それに応じて、遊牧生活を放棄し、村に定住する人々も出現した。一群の小屋や貯蔵庫の周りの大地は耕されて穀物やコメが栽培されるようになり、ウシやヤギが家畜化された。こうして、かつての狩猟採集生活を超えた、新たな生活様式が生み出されたのである。人間とは何かの理解、そして宇宙において人類が占める位置の理解に劇的な革新をもたらしたのは農業革命であった。この文明プロジェクトは、いくつかの村が最初の都市へと発達するにつれ、飛躍的な発展を遂げ始め、灌漑、冶金、文字による情報の蓄積などの高度な技術が生み出された。また市場、交易、争いによってもたらされる激動を通じて、人々の仕事は、製粉屋、なめし皮職人、兵士、役人などへと、専門化し始めた。天空の観察を仕事とする特殊な聖職者すら現われた。それと同時に地球の人口は着実に増えていった。キリスト生誕から千年が経過する頃（紀元一〇〇〇年）には、三億人が地球上を闊歩していた。[1]その後、今からたった五〜六世紀前に、自然界に対する新たなアプローチが確立された。世界中から知識を集めることで、世界の振る舞いを直接的に探索する方法、つまり現代の私たちが科学と呼ぶ方法が発見されたのだ。科学の方法を用いることで、人類の文明プロジェクトの能力は爆発的に高まった。次第に巨大化する船舶を用いて、比較的安全で迅速な航海ができるようになった。公衆衛生や医療の発展のおかげで若年の死亡率は低下した。農業の機械化は、私たちを飢餓から解放し始めた。それにともなって人口は爆発的に増加し、一九世紀前半には、世界の総人口は一〇億を超えた。[2]

その記録を達成した頃の人類は、文明プロジェクトの、おそらくは最大の発見を行なった。新たに確立された科学界の成果をもとに、化石燃料の採掘方法を学んだのである。石炭、そして石油という形態で蓄えられた一億年分の太陽エネルギーを利用することで、工業化された文明が潮のごとく地球を覆うようになる。[3]あらゆる大陸、あらゆる大洋の隅々に進出することで、人類の能力は無限に拡大するかのように思われた。地球の総人口が一〇億に達してから、およそ二世紀しか経っていない二〇一一年には、その数は七〇億に達した。[4]今日では、中規模の都市でさえ、農耕が始まる以前の地球の全人口を上回る人々が住んでいる。科学と、その娘である技術（テクノロジー）が提供するツールを用いることで、人類は地球全体を探検し尽くし、もれなく地図に記載した。私たちはどこにでもいるようになった。今日では、いついかなる瞬間にも、数マイル［一マイルはおよそ一・六キロメートル］の上空をおよそ五〇万人が飛んでいる。[5]

かくして、人類の文明プロジェクトは繁栄していた。

地球はたいてい、文明の構築という人類の実験にほとんど注意を払ってこなかった。農耕のための開襞は、確かに生命と資源の局地的なバランスを変えたが、地球全体（地表、大気、水系、生命）を見れば、文明が誕生した時点から大きくは変わっていなかった。しかし産業革命が起こると、人類の文明プロジェクトと地球の関係は変化する。地球は、人類の存在を「感じ」始めたのである。私たちが住む地球の構成要素をなし、互いに強く依存し合う大気、水系、氷床、岩塊が変わり始め、四五億年の歴史を通じて何度も行なってきたように、地球は、ある惑星「状態」から別の惑星「状態」へと移行し始めたのだ。

文明が誕生した頃の比較的温暖な惑星は、過去のものになりつつある。何か新しいもの、未知のものが始まろうとしている。地球は、私たちのせいで変わりつつあるのだ。間違いなく、この変化は人類の文明プロジェクトに圧力をかけるだろう。変化が極端なものになれば、私たちの生存がかかる文明の存続は不可能になるかもしれない。人類の文明プロジェクトは潰え去るかもしれないのだ。

それゆえ、人類と文明プロジェクトは、（カール・セーガンがよく指摘していたように）宇宙のティーンエイジャーなのである。先進技術と、それが解き放つ巨大なエネルギーは、自分たちと環境に対して行使できる巨大な力を人類に与えた。地球という惑星のカギを与えられたようなものだ。今や私たちは、その地球を崖から転げ落とそうとしている。だが、洞察を得たくだんの子どもたちとは違って、私たちは真実に目を向けようとしない。文明プロジェクトが最近になって明らかにしたばかりの現実を、依然として直視することができないでいるのだ。

自分たちだけではない。自分たちが最初ではない。

私たち人類は、その歴史を通じて文明プロジェクトを、そしてその意味では私たち自身を、一回限りのストーリー以外のものとして見たことがない。私たちの目には、自分たち自身が本質的に新しく、他の生命とはまったく異なる何ものかとしてつねに映ってきた。その見方に従えば、私たちがとってきたあらゆるステップが、未知の世界へと踏み出す一歩であったことになる。私たちを導いてくれるものなど何も存在しない。これから何が起こるのかを知るために参照できる歴史など人類史以外には何もない。もはやそのような見方は捨て去るべきときがきた。その手の見方をとるにふさわしい年齢はすでに過ぎ去ったのだから。

これまでの長い努力が実って、私たちは四〇億年にわたる地球の生命の歴史を描けるようになった。そしてそれは、私たちが最初ではないことを示している。自らの成功によって地球の気候を変えた生物は、私たちが最初ではない。地球とその居住者は、長きにわたり共進化を遂げてきた。私たちの実験は、これまで長く行なわれてきた一連の実験のなかで最新のものにすぎない。

だが、話はそれだけではない。

科学は、たった二〇年前でさえ知られていなかった事実を明らかにしつつある。宇宙は惑星に満ちており、それらは原則的に地球と大きくは異ならない。これらの惑星の多くには、海洋や海流が存在していると予測できる数々の理由がある。そこには激しい風にさらされた山々や、朝霧に包まれて一日を開始し、降雨で終える谷が存在していることだろう。

生命も存在するだろう。宇宙の全歴史を通じて、生命を宿す惑星が地球だけであった可能性があるのは確かだ。もちろん科学者たちは、他の世界〔地球以外の世界を意味する〕における生命の存在について数世紀にわたり論じてきた。しかし他の世界に関する私たちの知識の増大は、この問いに新たな光を投げかけ、瞠目すべき発見をもたらしている。多数の新たな惑星の発見は、宇宙が生命や知性の誕生を打ち消そうとする強い偏りを持っていない限り、地球が宇宙で唯一の生命を宿す世界ではあり得ないことを示している。言い換えれば、生命を宿すのに適した惑星が多数見つかっている以上、反証を提示しなければならないのは悲観論者のほうである。悲観論者は、広大な宇宙、悠久の時間のもとで、かくも多数の世界と可能性が存在しているのに、私たちを最初で唯一の存在だと見なす根拠を示さなければならない。

他の世界に生命が存在するか否かという問いには決着がついていないという点に留意しつつも、私たち以前に生命が存在してきた可能性は非常に高いことを今や見て取ることができる。複雑で豊かな生物(バイオス)圏(フィア)が発達した世界もあるだろう。さらに言えば、宇宙の長い歴史のもと、他の世界で生命が目覚めたということも考えられる。そして思考や理性の能力を発達させ、独自の文明を構築した生命も存在するかもしれない。

いずれにせよ、科学は私たちが最初ではないことを示唆している。天文学や地球科学の成果から真剣に学ぶべきときが来た。現在成熟しつつある知識に照らして言えば、宇宙の星々と、それが宿す多数の世界のなかで人類が占める位置、そしてその運命について従来とは異なる観点から語るべきときが、今ややって来たのだ。

科学と神話

交通事故の統計を引用するだけで安全運転の大切さをティーンエイジャーに教え込もうとしても、彼らは白い目を向けるだけであろう。私たち人間が世界を理解するためには、数値やグラフに示された上昇曲線などといったもの以上の何かが必要だからだ。私たちは、その本性においてストーリーの語り手なのである。悪さを働いたくだんのティーンエイジャーたちに、自分の境遇について尋ねてみればよい。彼らはきっと、家族やけんか、学校での孤独、家出したとき、あるいは親に放置されたときのことについてストーリー（ナラティブ）を語ることで、それに応えるだろう。私たちは皆、世界のなかで自分が占める位置を理解するためにストーリーを語る。そして個人についていえることは、文化や歴史にも当てはまる。

人類は歴史のほとんどの期間を通じ、神話を用いて自分たちにとってもっとも重要なストーリーを語ってきた。「神話」という言葉を耳にすると、フェイクストーリーが思い浮かぶかもしれない。しかし人類の進化という長期的な観点から見れば、神話は単に真か偽かの問題に還元されるものではなく、私たちにとって本質的な意味を持つ役割をつねに担ってきたのである。時代や場所を問わずいかなる文化も、意味や文脈の理解を可能にするストーリーの集まりである神話体系を構築してきた。子どもからおとなや親へと移行したときのことについて、あるいは老年に差し掛かった頃のことについて個人の内面のストーリーを語る人もいる。だが、大きな（ビッグ）ストーリーを開帳する人もいる。（宗教という形態で語られるものも含め）神話のようなビッグストーリーを聞くことで、自分の属する文化が、宇宙の誕生や地球の形成、あるいは人類の創生について、どのように考えているのかを理解することができた。

現代では、その役割は科学が果たしている。現代の私たちは神々や妖精ではなく、ビッグバンやダーウィンが語る進化のストーリーを手にしている。科学を手にした私たちは、世界と対話する新たな方法、つまり実験と証拠が先導する方法を発見したのである。現代人にとって、ビッグストーリーはかくしてつむがれるようになった。しかしストーリーがストーリーとして持つ力は、決して消え去ったわけではない。

ところが、気候変動を被った世界における文明の運命ということになると、温暖化やグリーンランドの氷床の融解を、私たち自身が登場する壮大なナラティブに変えるビッグストーリーを、私たちは持ち合わせていない。唯一それに近いストーリーといえば、「どうしようもない人類」というあら筋に沿ったものくらいだ。「人間は貪欲で利己的であり、地球にはびこる疫病以外の何ものでもない」というわけだ。

その種のストーリーはお粗末かつ無用であるばかりでなく、生命や惑星に関する最新の知見からするとまったく間違っている。「地球を救え」という標語のもとで気候変動をとらえる人も多いが、生物学者のリン・マーギュリスがかつて述べたように、地球は「タフなあばずれ女」なのである。[6] 救いを必要としているのは地球ではない。新たな道を必要としているのは人類や、人類が営む文明プロジェクトのほうだ。現在私たちが直面している困難な状況を乗り切れなかった場合、地球は人類なしに存在し続け、変化した気候のもとで新たな生物を生み出していくことだろう。「どうしようもない人類」というナラティブは、本来は善玉も悪玉もなく、失敗した実験や、成功した実験があるだけのストーリーの悪役に私たちを仕立てあげる。

宇宙に存在するあまたの星々について考えることで得られた大局的な視点は、貪欲さや政治的利益のために気候変動を否定する懐疑論者を容赦しない。彼らは、彼らの愚かしさのゆえに非難に値する。惑星レベルにおける長期的な視点から見れば、彼らの存在は、文明構築という地球の実験が、その最大の能力を発揮できず失敗に終わる理由になるだろう。

その代わりに語るべき、まったく新たな「ビッグストーリー」がある。これは人類を惑星の生命という文脈に置き直し、地球とそれが宿す生命を惑星に満ちた宇宙という適切な背景のもとでとらえるナラティブなのだ。

この新たなストーリーのもとでは、私たちはこぞって、悪役ではなく敗者になる可能性がある。

宇宙生物学と人新世

過去半世紀にわたり、人類の文明プロジェクトは、より遠方の宇宙を眺め、より遠い過去を振り返るようになった。私たちは地球の長い歴史を明らかにするため、数十億年前までを視野に収めるようになった。また、キム・スタンレー・ロビンソンの言葉を借りると、人類とその文明が、「地球のもう一つの表現」にすぎないことを理解するようになった[7]。

科学は、惑星の進化と、それが宿す生命の進化が、互いに不可分のものであることを示してきた。地球と生命は、互いに「共進化」を遂げてきた一つの全体としてとらえなければならない。たとえば二五億年前、私たちがたった今呼吸している酸素に満ちた大気を作り出すことで、世界を再構築したのは微生物だった。その過程でそれらの微生物は、地表のほとんどを完全に「汚染」した[8]。かくして生まれた酸素に満ちた大気によって、新たなバージョンの地球、つまり海洋では大型の魚類が泳ぎ、陸上では巨大な恐竜が闊歩し、大地は草地で覆われた地球が形成され始めた。これらの魚類、恐竜、草地は、地球という舞台にのぼったかつては新米の役者たちであり、地球上における共進化の実験という、監督のいないドラマを長きにわたって演じ続けたのである。地球は過去四〇億年間、生命とその可能性をめぐって数々の実験を行なってきた。人類は、最新の実験に参加しているのであり、その意味で私たちはそれほどユニークな存在ではない。

科学は地球の過去を明らかにするとともに、地球の外にも目を向け、太陽系に存在する他の世界を調査するために、数十億マイルの宇宙空間を横切る探査機を送ってきた。この大胆な飛行は、「気候」が局地的な天候のパターンに限定されるものではないことを教えてくれた。金星の大気の高層には時速二二〇マイル［三五〇キロメートル］〔本書における度量衡の表記は原文の表記と、メートル法などの日本で標準的に用いられている尺度に換算したおよその値を併記する。このような措置をとったのは、原文が概算の数値で書かれている場合が多く、有効桁数を判断するのがむずかしいためである〕の風が吹き荒れ[9]、火星の北極近辺では、毎晩氷結した霧が形成される[10]。土星の巨大な衛星タイタンでは、幅四〇マイル［六五キロメートル］の湖の表面に（ガソリンの）雨が降り注いでいる[11]。このように、気候は地球独自の現象ではない。

そして科学ははるか彼方の星々にも目を向け、宇宙が私たちのものと同じような太陽系で満ちていることを発見した。それらの画期的な研究から得られた数値は、人類文明と同じような文明プロジェクトが、宇宙の歴史のいずれかの時点で、どこかの惑星で誕生した可能性があることを示している。文明の誕生を打ち消すような方向へと宇宙が極端に偏向していない限り、人類文明は、宇宙史上初の文明プロジェクトではないはずだ。地球以外の世界で他の文明が、すでに存在してきた可能性はある。そして惑星とそれを律する法則に関する新たな知識に鑑みれば、地球外文明も、人類を苛んでいるものに類するジレンマに直面するであろうことが予想される。気候変動の問題でさえ地球独自のものではなく、それほど例外的なものではないのかもしれない。

科学は科学の仕事を果たしてきた。生命と惑星の関係という点では、まったく新たな現実と可能性を提示してきた。この革新的な科学は、「宇宙生物学」と呼ばれている。世界中の科学者の甚大な努力によって、宇宙生物学は惑星と生命が織りなす可能性について、まったく新しい普遍的な真実の発見に至る道を開いた。それは、この地球で何が起こったのか、そして宇宙の別の場所で何が起こり得るのかを示してきたのだ。

この知識は、奇しくも絶好のタイミングで得られた。

人類の文明プロジェクトは一万年前、地質学者が完新世と呼ぶ時代が始まってから誕生した。完新世とは、氷河期の終結に続いて始まった温暖湿潤な時代をいう。だが私たちは気候変動を促すことで、この完新世から、人類の活動によって地球の長期的な振る舞いが影響を受ける新たな時代へと地球を追いやろうとしている。この新たな時代は、人新世（アントロポセン）と呼ばれる。[12]

私たちは皆、人新世に突入しても人類文明が長く続くことを望んでいる。しかしこれまで私たちが行なってきた努力のほとんどは、うまくいっていない。私たちは、到来しつつある人新世のもっとも明らかな徴候である地球温暖化について半世紀以上前から知っていた。[13] その知識を持ちながら、気候変動とその影響に対して、ほとんど何の対策も講じてこなかった。政策、経済、さらには道徳哲学でさえ、移り変わりつつある惑星上でなされている文明プロジェクトの長期的な持続性（サステナビリティ）を担保する試みを動機づけることができなかった。

この失敗の原因は、人類とその文明プロジェクトが一回限りのストーリーにすぎないという誤った見方にある。しかしこの失敗は、ある程度大目に見ることができよう。というのも、人類はごく最近になるまで、その手の近視眼的な見方を克服できるだけの情報や道具を持っていなかったからである。つまり宇宙生物学的な視点を持っていなかった。だが現在の私たちは持っている。そしてこの知識は、私たちの未来を変えることができるのだ。

本書は、人新世の宇宙生物学とも呼べる考えについて検討する。それは、次の二つの互いに関連する問いに基づく。

- 宇宙生物学による革新は、他の世界の生命、さらにはその知性や文明について何を教えてくれるのか？
- 他の世界の生命、知性、文明は、人類の運命について何を教えてくれるのか？

以上の互いに関連する二つの問いは、「人類とは何か？」「文明構築のこの転回点において人類に何が起ころうとしているのか？」という問いに関して、革新的なストーリーを提供してくれるだろう。このストーリーは、宇宙望遠鏡、深海潜航艇、彗星に突入するロボット大使、クレバスが待ち構える危険な氷河をはい登る地質学者によって築かれたナラティブだ。そのようなストーリーを通じて、私たちはとてもスリリングな科学に出会えることだろう。

人新世の宇宙生物学が描く、火星のサンゴ色〔黄色の混じる赤〕の空のもとで屹立する急峻な崖のイメージは、気候や気候変動をめぐる私たちの理解を深めてくれる。また暗い深海に潜むクレージーキルト〔不定形の布を寄せ集めた編み物〕のような生態系（エコシステム）は、生命が誕生したばかりの頃、つまり数十億年前の地球の様子をタイムマシンのごとく垣間見せてくれる。

そして新たな惑星の発見がある。

人新世の宇宙生物学は、私たちを広大な宇宙へと誘（いざな）い、親星に寄り添う「熱い」惑星や、地球の数倍の大きさを持つ「スーパー・アース」など、まったく未知のタイプの惑星を発見し、次々と教科書に追加してきた[14]。

このストーリーを通じて、私たちはあらゆる可能性のなかでももっともスリリングな存在、そう地球外生命体（エイリアン）に出会えるかもしれない。

人新世の宇宙生物学は、革新的な見方をもたらすだろう。地球外生命体（や地球外文明）の存在を真剣に考えるときが来た。最近の数十年間で起こった宇宙生物学革命によって得られたあらゆる知見は、人類文明が、宇宙の歴史のなかで唯一の文明プロジェクトであるとはほとんど考えられないことを示している。この認識は、私たちに次のことを教えてくれる。あまたの系外惑星の発見に基づいて正しく問いを立てれば、私たちが直面している地球の危機にも関連する、地球外文明の科学の輪郭を浮き彫りにすることができるだろう。

本書で探究する新しい科学は、「銀河系は地球外文明で満ちているのか？」という問いに答えてくれるわけではない。また、地球外文明が存在する証拠をすぐに発見できるのかという問いにも、あるいは地球外生命体が存在したとして、彼らの耳はとがっているのか、指は七本なのか、姿かたちは爬虫類に似ているのかなどといった問いにも答えてくれはしない。この新たな科学が示してくれるのは、人類の文明プロジェクトによって作り出されたもののすべてが、一〇〇〇回、一〇〇万回、あるいはもしかすると一兆回すでに繰り返されている可能性があるということだ。

私たちは宇宙生物学によって得られたデータをもとに、地球外文明の探査を科学的探究の主題として真剣に扱うことができる。地球外生命体について語ると、嘲笑を浴びざるを得ない。これまで長く放映されてきたテレビのゲテモノSF番組（やUFOによる誘拐説）は、他の世界の知的生命について考察しようとする科学者にいやな思いをさせてきた。さらに悪いことに、この問いに対し、科学的な抑制が長らくほとんど効いていなかった。科学的な抑制がなければ、議論はあっという間に単なるフィクションに堕してしまうだろう。しかし正しい問いを立てさえすれば、地球外文明を考えるにあたり、惑星の振る舞いに関して新たに発見された法則が暴走を防ぐガードレールの役割を果たしてくれるだろう。つまり正しい問いを立てれば、答えは得られるはずだ。それが言い過ぎであったとしても、正しく問いを立てれば、かくして発見された惑星の法則は、少なくとも答えがいかなるものになるのかを限定する大ざっぱな輪郭を示してくれるだろう。

奇しくも、そのような問いを立てられる領域の一つは、宇宙生物学と人新世が交差するところに存在する。惑星の法則に関する新たな理解は、「一般に、文明は惑星といかに共進化を遂げるのか？」という、私たちが最大の関心を抱いている問いに答えるためのよき指針になるだろう。宇宙を構成する時間と空間のどこかのポイントで、地球外文明が存在してきた可能性があれば、それを科学の対象として真剣に取り上げる意義は十分にある。地球、金星、火星、さらには太陽系外で発見された数千の惑星から学んだことのすべてを投入して、問いに答えることができる。また、それらの知識に内在する物理や化学の法則を応用して詳細なモデルやシミュレーションを構築し、新たな科学の実践に着手することができるだろう。

この観点から見れば、文明とは、太陽フレアや彗星やブラックホールと同様、宇宙が示すもう一つの現象にすぎない。宇宙生物学の研究は、星々が私たちの目の前で繰り広げるできごとに参照しつつ、いかにして文明と惑星が共進化を遂げられるのか、あるいは最悪のケースでは遂げられないのかを探究する。そしてあり得る地球外文明の事例を、人類の未来について語る、もう一つの歴史として扱うことができる。

宇宙生物学の視点を採用する利点は、たとえ地球外文明がかつて一度も存在したことがなかったとしても得られる。地球外文明に関する仮説を立てることは、人新世がつきつける難題に対処するために役立つ。なぜなら、そうすることで私たちは「惑星の立場でものごとを考える」よう促されるからだ。この仮説は、(私たちを含めた) 生命と地球の共進化という観点から、持続的な文明プロジェクトに至る道筋を枠づけるよう導いてくれる。つまり宇宙生物学の視点を通して、人類の未来と運命の輪郭を描くことができるのだ。

新たなストーリー

しかし地球外文明の存在の可能性を真剣に考慮することで、人新世に直面している私たちは、新たな扉を開くことができるだろう。あまたの惑星が生命に関する実験を行なっている広大な宇宙のなかで、高度な技術レベルに到達し、人新世をいかに切り抜けられるかを学んだ地球外生命体が存在するかもしれない。彼らは、自分たちが生み出した気候のフィードバックによる隘路をうまく切り抜ける方法を学んだのかもしれない。それに失敗した生命も存在することだろう。この新たなビッグストーリーの意義はそこにある。それは科学で始まり、人新世が私たちに迫る困難な選択にいかに対処すればよいかに関する示唆で終わる。人類の文明プロジェクトが長期にわたり持続するためには、私たちは、今はまだ知られていない方法で、地球のパートナーにならなければならない。

それゆえ私たちは、地球と協力し合う独自の力にならなければならない。だがスパイダーマンがいみじくも悟ったように、大きな力を持つことには、大きな責任がともなう。宇宙の進化というゲームの勝者になるためには、地球を永久に完新世のまま保っておく必要があるのか？　氷河期の到来を二度と許してはならないのだろうか？　それが正しいのなら、到来を阻止した氷河期に出現したはずの生物はどうなるのか？　そのような生物が地球のドラマに参加するのを妨げる権利が私たちにはあるのか？

私たちは、どの完新世の生物を人新世に連れて行こうとしているのか？　孤立した浮氷に乗って漂うホッキョクグマのイメージは私たちの胸を打つ。しかし地球と真の長期的なパートナーになるためには、私たちは困難な選択をしなければならない。この選択は、科学のみに関わる問題ではない。それは、私たちが何に価値を見出すか、何を大切なものと考えるか、何を神聖なものと見なすかにも依存する。これらはすべて意味の領域に属する。だから今や、ストーリー、すなわち私たちが登場するストーリーを正しく語ることが、科学的に正しいことと同程度に重要なのだ。

人新世を見る宇宙生物学の視点は、科学の領域でももっともスケールの大きなものである。それは私たちのガイドとして、また教師として突如として重要な意味を帯び始めた星々のストーリーに照らしつつ、私たちの集合的な生命とその運命を描くナラティブを提示する。つまりそれは、単なるデータでも、情報でも、知識でもない。私たちと、私たちが大切にしている文明プロジェクトは、地球が人新世に突入せんとしている今、フロンティアを越えようとしている。本書で探究する科学は、この新たな土地の地図を描くにあたり、その支援をしてくれるだろう。また、灼熱の砂漠を越えて未知の豊かな土地にたどり着けるよう道案内を務めてくれるだろう。

第1章　エイリアン方程式

フェルミのパラドックス

一九五〇年の夏のある晴れた日に、ニューメキシコ州北部の砂漠地帯にあるロスアラモス国立研究所の原子兵器棟を四人の同僚が歩いていた。当時はロシアとの冷戦が本格化していた頃であり、研究所の至るところに新メンバーの姿が見られた。しかし四人は皆研究所の古株で、第二次世界大戦における連合国の勝利に貢献した爆弾の開発で重要な役割を果たしていた。

その一人はイタリア出身のノーベル賞受賞者エンリコ・フェルミで、彼の天才は、原子核の謎を解く突破口を開いた。科学者としての彼の超人的とも言える能力は、よく知られていた。たとえばC・P・スノーは、「もう少し早く生まれていれば、彼は原子科学を一人で打ち立てていたことだろう。それが誇張に聞こえるのなら、フェルミにまつわるすべての話が誇張に聞こえるだろう」と述べている。[1]

フェルミと肩を並べて歩いていたのは、ハンガリー出身の物理学者エドワード・テラーだ。彼の業績は、やがてかの恐るべき水爆の開発と同義になる。フェルミはテラーによる「スーパーな」爆弾の擁護に好意的ではなかったが、二人は生涯を通じて友人であり続けた。[2] 残りの二人は、アメリカの核物理学者エミル・ジャン・コノピンスキーとハーバート・ヨークで、彼らの業績はその分野では高く評価されていた。

四人の科学者は研究棟から食堂のあるフラーロッジ（かつて少年キャンプに使われていた建物がいくつか残っていたが、そのうちの一つ）に向かっていた。歩いている途中で、会話は未確認飛行物体の話題になった。[3] 第二次世界大戦終了後、空に浮かぶ謎の光の目撃が相次いでおり、目撃談の一つが、地元の新聞に掲載されたばかりだったのだ。その記事を読んだヨークは、マンハッタンにおけるごみバケツの失踪の頻発を空飛ぶ円盤のせいにする『ニューヨーカー』誌の滑稽な風刺画を思い出していた。何ごとも分析したがる物理学者の癖で、UFOの話をもとに、超光速飛行やその限界に関する議論が白熱した。しかしマツとセイヨウネズが立ち並ぶ小道を歩いているあいだに、会話は別の話題に移っていた。そのようなわけで、エンリコ・フェルミが「彼らはいったいどこにいるのかね？」とふと口走ったのは、それからしばらくしてランチを食べている最中のできごとだった。[4]

テラー、ヨーク、コノピンスキーは、フェルミの吐露にいっせいに笑い出す。彼らはフェルミの鋭い洞察力を知っていた。フェルミは、複雑な問題を凝縮された本質に還元することに長けていた。砂漠で行なわれた人類初の核実験、トリニティ実験に参加した彼は、紙切れを落として、爆風によってそれがどこまで横に飛ばされるかに着目するだけで、爆発力を算出したことで知られる。[5]

しかしその夏の日にランチを食べているとき、フェルミは、宇宙における知的生命をめぐるその後の議論につきまとうことになる核心的な問いを提起したのである。フェルミの観察は、単刀直入かつ鋭敏だった。知的生命の進化が宇宙でありふれているのなら、なぜ私たちは彼らを目にすることがないのか？　なぜ望遠鏡を用いても、彼らの存在を確認できないのか？　なぜホワイトハウスの庭に降り立ったことがないのだろうか？

図1　1950年の『ニューヨーカー』誌に掲載された、ニューヨーク市のごみバケツを誘拐するＵＦＯを描いたアラン・ダンの風刺画。

フェルミの問いは、ＵＦＯに関するものではなかった。ＵＦＯの話は、いつのときにも、貧弱な推論、目撃者のあいまいな証言、ペテン、陰謀論の産物でしかない。それに対して彼の問いは、地球外先進技術文明に関する、科学の対象になり得る、最初の確たる現代的な問いかけだったのである[6]。

フェルミの問いは、やがてフェルミのパラドックスと呼ばれるようになる。このパラドックスは、「先進技術を発達させた地球外文明がありふれているのなら、直接的、もしくは間接的な手段によって、私たちはすでに、その存在の証拠を握っていなければならない」と定式化できるだろう。

その後数十年にわたり、他の科学者たちは、フェルミの問いに科学に求められる正確さをつけ加えていった。天体物理学者のマイケル・ハートが一九七五年に発表した「地球における地球外生命体の存在証拠の欠如について」と題する論文は、フェルミのパラドックスの論拠に対するいくつかの反論を吟味している。それには物理学、生物学、社会学に関するものが含まれる。[7] ハートの結論によれば、いずれの反論も、フェルミのパラドックスの論理を否定し去るに十分なほど強力ではない。ハートは、たった一つの生物種が、銀河系全体に「迅速に」移民できることを示して、フェルミの洞察の本質を明らかにしている。光速の一〇分の一で航行可能な宇宙船を建造する能力を持つ地球外文明が出現したとすると、この文明は六五万年以内に銀河系の端から端まで進出できることを、ハートは示したのだ。かくしてたった一種の宇宙生物が、故郷の惑星から四方八方に宇宙船団を送り、あらゆる星系に移住できるというのである。

もちろん私たちのほとんどにとっては、数百万年は長く思える。そもそもホモ・サピエンスが地球上に出現してから、一〇〇万年すら経っていない。しかし私たちには長く感じられる時間も、宇宙の生命にとっては短い。私たちが住まう銀河系は広大であり、太古から存在する星々のメトロポリスと呼べる。それは一〇〇億年ほど前に誕生した。したがってハートのいう地球外文明が、銀河の端から端まで進出するのにかかる時間は、わが銀河系の年齢のおよそ一万分の一にすぎない。つまり、星間文明がたった一つでも出現すれば、銀河系の存続期間に比べればきわめて短い期間に、その文明は天空にまたたくすべての星を周回するあらゆる惑星に到達できるはずなのだ。そしてそれには地球も含まれる。

ハートの論文は、夜空を、不安をかき立てる空虚で満たすと感じる研究者もいる。彼らの目には、フェルミのパラドックスが「私たちは孤独である」ことを示す単純な論理を含んでいるように見えるのだろう。太陽系には明らかに地球上にしか文明が存在しないという事実と、他の星系に文明が存在していることを示す証拠がまだ得られていないという事実は、他のいかなる場所に誕生したどんな生命も、人間が持つ知性や技術のレベルに達したためしがないことを示唆している。銀河系で進化のはしごを上って先進文明を築き上げた生命は、人類だけだ。彼らは、そう考える。物理学者でSF作家のディヴィッド・ブリンは、フェルミのパラドックスに言及して、星々の「グレートサイレンス」について語る。この言葉は、フェルミのパラドックスがほのめかしていると思しき宇宙の孤独をうまくとらえている。[8]

フェルミのパラドックスに対する関心の高まりは、「グレートサイレンス」とともに「グレートフィルター」という考えを生んだ。[9] 銀河系における先進文明の存在を示す証拠の欠如は、地球だけが生命を宿す惑星であることを意味するわけではない。フェルミのパラドックスの対象は、私たちのものと同等、もしくはそれより進んだ高度な技術を発達させた文明に限られる。宇宙にあるどんな世界にも、微生物や甲殻類、あるいは恐竜すら存在しているのかもしれない。したがって、地球外文明を発見できないのなら、進化の過程でそれを生まないようにするフィルターが存在するに違いないと考える科学者もいる。言い換えると、宇宙には私たちしか存在しないのなら、何らかの進化の壁が、他の惑星が人類の文明レベルに達するのを妨げているということだ。

だがグレートフィルターは、進化の過程のあらゆる段階に存在し得る。もしかすると単純な生命の誕生は恐ろしく困難で、その段階がすでにグレートフィルターなのかもしれない。その場合、地球は生命を宿す世界のわずかな例外の一つと見なせよう。あるいは、知性の形成はごく単純なものでもきわめて困難で、その段階がグレートフィルターなのかもしれない。その場合、爬虫類ならあまたの世界に誕生しても、イルカや類人猿は誕生しない。それが真実なら、知性の進化の困難さは、生命がすでに誕生した世界が技術文明へと発達を遂げるのを妨げていることになろう。

皮肉にも、フェルミと同僚たちが食堂でランチをともにしていたちょうどその頃、グレートフィルターになり得る、新たなタイプの進化の袋小路が出現した。フェルミは、史上空前の破壊力を持つ兵器を開発するために創設された研究所で、彼の有名な問いを発した。全面核戦争によって文明を決定的な終焉へと突然至らせる力を人類が初めて手にしたのは、一九五〇年代のことであった。

核戦争によるハルマゲドンは、グレートフィルターが進化の歴史における遠い過去ではなく（その場合には幸運にも、人類はすでにフィルターをくぐり抜けたことになる）、未来という草むらに毒ヘビのように潜んで待ち伏せしているのかもしれないという考えをもたらした。夜空が静かなのは、また、地球を訪問する異星人がいないのは、自己の存在の圧力をはねのけるのに十分な賢さを備えた地球外先進文明など存在しないからなのかもしれない。

誰かがフェルミにグレートフィルターの最有力候補は何かと尋ねていたら、彼は核戦争と答えたのではないだろうか。とはいえ近年では、文明や、その存続を脅かす問題に関して、私たちはより包括的な理解を持つようになった。フェルミが問いを発した一九五〇年代においては、人為的な気候変動の可能性に気づいていたのは、一握りの地球科学者だけだった。皆が普通に日常生活を送っているだけで、意図せずして地球全体の振る舞いを変え得るという発想は、当時としてはあまりにも過激だったため、科学によって定式化されることがほとんどなかった。しかし現代に生きる私たちは、それについてよく知るようになった。

人新世という名称で知られるようになった、人類が支配する時代に突入した地球では、グレートフィルターのさらに強力な候補が登場してきた。人類文明のような高度な文明は、相互に依存し合う複数のシステムの網の目で構成される。一年間電気の供給が途絶えたら、どこで食糧を調達すればよいのか？　石油パイプラインが閉鎖されたら、わが家を暖房するための燃料をどうやって確保すればよいのか？　私たちは多くの側面で、さまざまなシステムの円滑な運用に依存している。しかし地球の劇的な気候変動は、それらのシステムの運用をひどく損なうだろう。

ここでメキシコ湾流について考えてみよう。メキシコ湾流は、暖かい海水（と気候）をフロリダからボストンへと循環させたあとで、大西洋を横切る。地球上でもっとも先進技術の発達した都市のいくつかで暮らす数億の住民は、メキシコ湾流によってもたらされる温暖な気候の恩恵を受けている。しかし実のところ、メキシコ湾流は最終氷河期が終わったあとで地球が移行した特定の気候のもとで形成された特殊な海流のパターンの一つにすぎない。つまりそれは、地球の常備品ではない。地球の気候が大きく変われば、メキシコ湾流と、それがもたらす温暖な局地的気候は、過去のものになるだろう[10]。

したがって人新世と呼ばれる時代への突入は、核戦争よりはるかに強力な、グレートフィルターの候補になるだろう。そもそも全面核戦争は、誰かが意思決定を下して生じる意図的なものだが、地球外文明が、人類文明より好戦的ではないことも十分に考えられる。核兵器を開発しようなどとは、考えさえしないのかもしれない。その一方、気候変動は普遍的である可能性が高い。これから見ていくように、気候変動は、どの惑星かを問わず、先進文明を構築することの必然的な結果であるとも考えられる。長期的で劇的な気候変動は、必ずしも文明を築いた生命の絶滅を意味するわけではない。それは、先進技術を持つ文明プロジェクトが途絶し、気候が変わってしまった惑星で、もとのレベルを回復できなくなる程度に状況を困難にするだけかもしれない[11]。

グレートフィルターをめぐるこれらの問題はすべて、フェルミの洞察を際立たせる。科学の進歩は、正しい問いを立てることに依存する場合が多い。それなくしては、議論は単なるおしゃべり（やののしり合い）に堕してしまうだろう。また、答えを与えてくれるデータをどうすれば集められるのかもわからないだろう。

すぐれた問いを見つけることは、真っ暗な部屋に暗がりを開く明かりを投げかけることにも似ている。つまりそれは、新たな光のもとで世界を見られるようにし、世界に関するストーリーを語る新たな方法を発見するための第一歩になる。すぐれた問いは、何を重要と考えるかをめぐる既存の見方の再構成を促す。また、どこに着目すべきか、何を目指すべきか、目的を達成するための取り組みをいかに組織化すべきかを教えてくれる。

一九五〇年にフェルミが発した問いは、地球外文明という論点に関して、まさにそのような役割を果たした。ハートらによって問いが拡張されるにつれ、フェルミのパラドックスは、人類が宇宙で唯一の存在なのか、またそれはなぜかを私たちに考えさせるようになったのだから。

しかし、私たちの未来に対するフェルミの問いの重要性を真に理解するためには、ここで数千年前まで歴史をさかのぼる必要がある。

世界の多数性

古代ギリシアの哲学者エピクロスは、今からおよそ二三〇〇年前に「地球外文明楽観論」とでも言うべき説を史上初めて提起した。彼によれば、「私たちのものに似た世界も、似ていない世界も、無際限に存在する。(……)さらに、どんな世界にも、生物や植物、さらには私たちの世界で目にすることのできるその他の事物が存在すると考えなければならない[12]」

エピクロスの関心は、倫理から苦痛の本質に至る広い範囲をカバーしていたが、彼はそもそも原子論者であった。彼にとって世界は、無限の微細な要素が、無限の組み合わせによって配列されることで構成されていた。彼のこの信念は、「宇宙もまた無限であり、それゆえそこには、生命を宿す惑星が無際限に存在しなければならない」とする原子論者の考えの基盤をなしていた。

しかし、古代ギリシアのあらゆる哲学者が、豊かな宇宙に対する原子論者の信念を共有していたわけではない。たとえば、その頃アリストテレスは、「世界は、いくつも存在することなどできない」と書いた[13]。アリストテレスは、地球外文明悲観論者だったということだ。彼にとって地球は全宇宙の中心を占めていた。そして中心というものは一つしか存在し得ないので、地球は唯一無二でなければならなかった。かくして彼は、地球以外に世界は、ましてや地球に似た世界は存在しないと確信していた。

豊かな宇宙という信念と、唯一無二の地球という信念の対立は、以後二〇〇〇年間にわたり影響を及ぼし続けた。古代ギリシアから中世、ルネサンスを経て二〇世紀初頭に至るまで、生命を宿す地球外惑星に関する楽観論は、隆盛と退潮を繰り返した。

来る世紀も来る世紀も、哲学者、物理学者、神学者、天文学者は、「私たちは孤独なのか？」「私たちは最初の存在なのか？」という同じ問いを繰り返し尋ねてきた。どの世代も、その時代特有の先入観、観念、道具を用いて問いを立てた。議論はつねに白熱し、死をもたらすことさえあった。中世のカトリック教会は、他の世界に関する議論を異端と見なした。しかしそれによって、哲学者や神学者が、全能の神が生命を宿す世界をただ一つしか創造しなかった理由を理解しようと懸命に努力することを止めたわけではない。一三世紀に入ると、トマス・アクィナスは、「神は生命を宿す惑星を他にも創造することができたが、そうしないことを選んだ」と主張することで、この難題に答えた（とても満足のできる答えではないが）[14]。

一六世紀になると新世代の思想家たちが、他の世界に関する問いを再び俎上に乗せ始めた。誰もが知るように、コペルニクスは一五四三年に刊行された『天体の回転について』で、地球を宇宙の中心の座から引きずり下ろした。彼の提唱する当時としては革新的な天文学によれば、私たちの世界は、太陽を周回するもう一つの惑星にすぎない[15]。ただし彼は、他の恒星を周回する惑星に関しては、いかなる意見も表明していない。それでも彼の業績は、地球を宇宙の特権的地位から下ろし、「世界の多数性」として知られるようになった問いの解明に、他の学者が堂々と取り組めるよう門戸を開いたのだ。

教会は一時、天文学に関するコペルニクスの議論をある程度は認めていた。しかし一六世紀後半になると、急進的なドミニコ会修道士のジョルダーノ・ブルーノは、教会の寛容さの限界まで論を押し進め、それを突き破った。ブルーノは公的にコペルニクスの天文学を擁護したばかりでなく、さらに宇宙には世界が無限に存在し、そこには無限に多様な居住者が宿っていると主張したのだ。この彼の見方は、異端審問所の耳目を集め、教会は一六〇〇年に、異端の罪により彼を火刑に処した[16]。

科学革命が本格化した頃、アイザック・ニュートンは天体と地上の物体両方の運動を支配する強力な統合的法則を明らかにした。天文学は急速に発展し、天王星や海王星などの惑星が新たに発見され、彗星の軌道が理解されるようになった。科学者のあいだでも、文字を読めるだけの教養を身につけつつあった一般民のあいだでも、知的な激動が他の世界の生命に関する議論の様相を変え始めた。たとえば一六八六年、当時絶大な影響力を誇っていたフランスの作家ベルナール・ド・フォントネルは、啓蒙時代のベストセラーとも言える『世界の多数性についての対話』を著した。

この書物は、哲学者と、若く鋭敏な男爵夫人のあいだで深夜に交わされた一連の議論という体裁をとっている。フォントネルは当時の楽観論を反映して、太陽を周回する惑星の多くでは住民が暮らしていると推測する。月には知的な住民がいるとさえ考えていた。そして目を太陽系の外に向け、「夜空にまたたく星々は、たくさんの太陽である。それらのおのおのが、一つの世界に光を注いでいる」と書く。彼は、これらの世界の多くでは、生命が繁栄を極めていると確信していた[17]。この本に掲載されている、当時の人々に強い影響を与えた一枚の図版は、フォントネルの楽観論をうまく図像化している。初期バージョンに口絵として掲載され

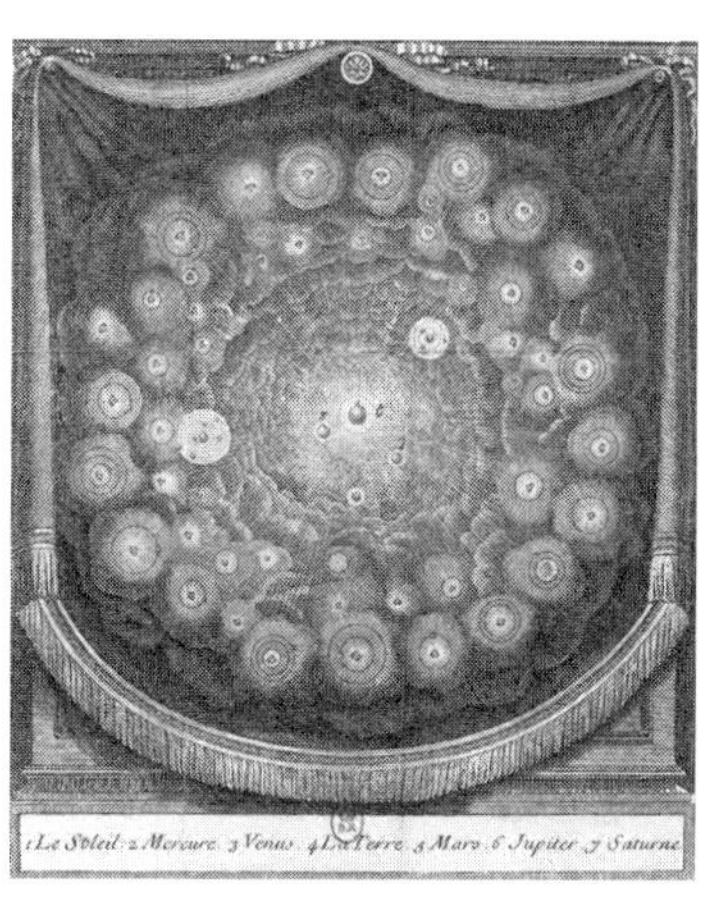

図2　ベルナール・ド・フォントネルの1686年の著書『世界の多数性についての対話』に掲載されている、他の恒星とそれに随伴する惑星によって囲まれた私たちの太陽系を描いた図。

た図像には、星々や他の世界に満ちた宇宙に心地よく横たわる太陽系が描かれている。

このような楽観主義は一九世紀まで持ち込まれた。ダーウィンの進化論は、生命と惑星をめぐる議論に新たなひねりを加えた。一九世紀フランスのカール・セーガンとも呼べるカミーユ・フラマリオンは、肥沃な火星や金星で、まったく新たな形態の生物が進化したという見方を示して人々を魅了した。[18] フラマリオンのような作家は、世界の多数性に関する議論に進化論をつけ加えることで、他の惑星で自然がいかに生命を育んでいるのかを考える糸口をつかんだのだ。進化はその惑星独自の条件に反応するゆえ、生物が受ける変化はその条件に適合しなければならない。かくして、火星が地球と同様な環境を持つと見なしていた彼は、火星の生命は地球の生命によく似ていなければならないと論じた。[19]

火星はのちに、広く流布した楽観論の焦点になる。二〇世紀に入る頃、アメリカの大富豪パーシヴァル・ローウェルは、赤い惑星のいわゆる「運河」を研究するために、アリゾナ州（当時はまだ州として成立しておらず、一領域にすぎなかった）のフラッグスタッフに天文台を創設した。[20] 彼は、火星には居住者がいると考えていた。そして著書や講演を通じて、人々を説得することに晩年を費やした。彼のこの努力は十分に実を結び、多くの人々が、火星における生命の存在を自明と見なすようになった。

しかし一九世紀後半になると、地球外文明に対する悲観論が科学の内外で復活してくる。一八五三年、イギリスの科学者、哲学者、英国国教会の牧師であったウィリアム・ヒューウェルは、著書『世界の多数性について』で楽観論を手厳しく批判した。他の作家の希望的観測から当時知られていた天文学に関する事実へと目を転じて、「いかなる惑星も、それどころか恒星を周回している惑星の存在を示すと見なし得るいかなる証拠も、どこにも発見されていない」と書いたのである。[21] また彼は、地球の歴史を他の世界における生命の発達の指針にすることに強く反対した。彼は続ける。「(星間)物質から意識ある生命への発達を導く法則や秩序のような何かが存在するという仮定は、(……)裏づけがなく非常に危うい[22]」

ダーウィンとともに進化論の創始者と考えられているアルフレッド・ラッセル・ウォレスも楽観論を批判する一人であった。一九〇四年の著書『宇宙における人類の位置』で彼は、他の世界の生命に関する問いに生物学の詳細な知識を適用し、水の利用可能性を指針として、地球が唯一の居住可能な太陽系の世界であると結論づけた。のみならず、銀河系におけるわずかな惑星のみが、知性の存在を許すほど地球に類似すると主張した[23]。

二〇世紀に入ると、現在では系外惑星と呼ばれる、恒星を周回する惑星の存在をめぐって、さらに徹底した悲観論が唱えられるようになる。それは当然、地球外文明をめぐる科学的な見方にも破壊的な影響を及ぼした。この新たな悲観論は、惑星の形成に焦点を置き、「衝突理論」と呼ばれる惑星形成のモデルに基づいていた。二〇世紀初期の天文学者の理論的な研究は、二つの星が最接近する場合にのみ惑星が形成されると論じていた。それによれば、二つの太陽が、衝突しそうなほど近くを通過し合うと、重力によって気体の一部が宇宙空間に放出され、どちらかの太陽のまわりを周回し始める。そして放出された気体が冷え、惑星へと凝固する。そう論じていたのだ。それに対し、当時を代表する天文学者であったジェームズ・ジーンズはすぐに、その種の星のニアミスがきわめてまれであることを示した。ジーンズの業績のおかげで、二〇世紀のなかばになる頃には、多くの天文学者が、惑星の数は少なく、宇宙空間にまばらにしか存在しないと考えるようになっていた[24]。だから、生命もまれにしか存在しないと考えられるようになっていた。

　そのようなわけで、フェルミと同僚が、一九五〇年のその日にランチをともにしたとき、フォントネルとフラマリオンの高揚した楽観論は、すでに失速していた。惑星はまれにしか存在しないと、多くの科学者は考えるようになっていた。たとえまれではなかったとしても、アルフレッド・ウォレスの説のような生物学的議論は、生命の誕生がほとんどあり得ないできごとであるかのように思わせた。また、ローウェルの火星の運河の観察が科学界で笑いものにされたことは、他の世界における生命の存在を真剣に考えていた人々にとってはさらに大きな痛手になった。[25]一九五〇年代前半、宇宙における生命や知性の存在の可能性に関する問いは、ほとんどの科学者が真剣に取り上げなくなっていた。

　しかし、科学は孤立して存在しているわけではない。それは人間の営みであり、そのストーリーは、他の文化的営為によって繰り広げられるストーリーとともに発展し、文化を形作る場合すらある。宇宙の生命について私たちが語ることのできる物語（ナラティブ）は、最悪の理由で変わり始めた。

ロケット、爆弾、そして人工衛星

　一九五〇年にフェルミが有名な問いを発したとき、依然としてアメリカは、ロシアが独自の核実験を行なったというニュースに動揺していた。当時のアメリカが保有していた原子爆弾の数は数百発だった。しかし一九六〇年には、世界全体での核爆弾の総保有数は二万二〇〇〇発を超えていた。[26]重要な点を指摘しておくと、初期の核爆弾は核分裂、つまりウランのような重原子の原子核の分裂に依拠していた。広島と長崎に対する大虐殺は、これらの「原子」兵器が、一瞬で大都市の大部分を一掃できることを示した。一九六〇年には、アメリカもソ連も、核融合に依拠する兵器を開発していた。この爆弾は、もっとも単純な元素である水素原子をぶつけ合い、より重い元素を生成することでエネルギーを得る。ちなみに、太陽のような恒星がエネルギーを得ているのは、それと同じプロセスによってである。かくして新たに開発された水爆は、驚くべき破壊力を持っている。[27] 中型の水爆は一つの都市圏をまるごと破壊する能力を持ち、大型の水爆なら地球の大気の一部を宇宙に吹き飛ばすことができる。

一九五〇年代を通じて、世界は、より強力な核兵器の開発へ向けての競争に明け暮れていた。しかしその時代、核爆弾の開発競争は別の競争を引き起こした。そしてこの二番目の技術競争は、宇宙の彼方にある地球外文明の運命を考えるにあたり、さらに大きな影響を及ぼすことになる。

より強力な核爆弾の開発は、敵の爆弾が自国の標的に届くより速く、敵国の標的に到達できなければ、開発者にとってほとんど意味がなかった。このようにして、技術の焦点は冷戦の論理に従って、ジェット爆撃機から、ロケット推進のミサイルへと、いやおうなく変わっていった。

第二次世界大戦の終盤、ナチスのV2ロケットは、イギリスを恐怖のどん底に陥れ、長距離ロケットの威力を証明した。戦後、ソ連とアメリカは、とらえたV2ロケット技術者を奪い合い、両国とも、大陸間弾道弾（ICBM）と呼ばれる、大陸を股にかける長距離ロケットの開発にいそしんだ。この開発競争では、ソ連が一歩を先んじた。一九五七年八月二一日、ソ連のR―7ミサイルは、高度一〇マイル［一万六〇〇〇メートル］に達し、三七〇〇マイル［五八五五キロメートル］飛行した。[28]

これらのロケットの真の力は、地球が二つ目の衛星を持ったことを世界が知った二か月後に明らかになる。一九五七年一〇月四日、ソ連の別のR―7ロケットが、大気圏を貫いて一八四ポンド［八三キログラム」の「スプートニク」を打ち上げ、地球を周回する軌道に乗せたのだ。こうしてスプートニクは、地球の最初の人工衛星になる。私たちの頭上数百マイルの高度を周回するスプートニクの発する、きっちりとタイミングを測った電波による「ビープ」は、適切な装置さえあれば誰でも聞くことができた。[29] そして世界中の人々が聞いていた。ソ連の政治家がほくそ笑み、アメリカの政治家がパニックに陥ったこのとき、太古の時代から存在していた限界が明らかに破られたのだ。かくして宇宙開発時代の幕が切って落とされた。

しかし、大気圏内を超音速で飛行するロケットや、地球を周回する衛星に語りかける方法は一つしかなかった。その高度での通信は、高度な電波技術を要する。そして一九五〇年代における政治的、軍事的な緊急性が、地球外文明を探査するための最初の科学的な試みにつぎ足されたのは、まさにこの技術においてであった。

一九五〇年代に入るまでは、天文学はガラスのレンズと鏡を用いた望遠鏡で営まれていた。つまり、もっぱら私たちの目でとらえられる可視光線に頼って行なわれていた。しかし可視光線は、特定の範囲の波長（波の頂上間の距離）を持つ電磁エネルギーの波にすぎない。

一九世紀なかばに、物理学者は電磁波にはスペクトルがあることを発見した。つまり、原子の大きさの非常に短い波長を持つX線やガンマ線から、建物の幅ほどある長い波長を持つ電波に至るまで、さまざまな段階があることが発見された。天体は、この電磁波のスペクトルのかなりの範囲にわたってエネルギーを放出していることが多い。

私たちの目は、このスペクトルの特定の「帯域」に属する電磁波のみが見えるよう進化を遂げてきた。

だから、この可視の帯域において、大気が太陽光に対してもっとも透過的であるのは偶然ではない。しかし太陽は、X線の「光」や紫外線の「光」や電波の「光」も放っている。

第二次世界大戦中における電波工学の発展に鼓舞された一九五〇年代の天文学者たちは、可視帯域の範囲を超えた光を用いることで、夜空に新たな「窓」をうがち始めた。研究者は、電波を用いることで、銀河系全体のマップを作成したり、可視光線では不可能な方法で、死に絶えて久しい星のエコーを捕捉したりすることが可能なのを発見した。

電波天文学と呼ばれる分野は一九五〇年代を通じて、もっともエキサイティングな最前線の科学分野の一つになっていった。科学で身を立てたいと考えていた当時の才能ある若者には、電波天文学はうってつけの分野だった。こうして一九五〇年代が幕を閉じる頃、フランク・ドレイクという名の若い天文学者が、地球外文明が発するシグナルを探査するために、ウエストバージニア州の荒野に立ったのだ。

天空に耳を澄ませる

フランク・ドレイクは、いつのときにも独自の展望(ビジョン)を抱いていた。地球外文明をめぐる現代科学の礎石を築くのに大きく貢献した彼は、大恐慌時代が始まったばかりの一九三〇年、シカゴの南部地区で生まれた。シカゴ市の化学技師であった父親は、息子のためにちょっとした機械をよく持ち帰ってきた。それらの機械は、地下にあった息子の「実験室」に置かれた。若き日のドレイクは、何時間にもわたりこの実験室にこもり、モーターやラジオや化学試料をもてあそんでいた。しかしラジオに関する緻密な知識を超えて彼の想像力をはばたかせたのは、シカゴ科学産業博物館に自転車で頻繁に通ったことだった。そこで彼と友人は、不可視のものをリアルに見せる原子の拡大モデルを目にした。のちにドレイクは、当時を振り返って「ほとんど気絶しそうになるくらいドラマチックな展示物があった」と書いている。[30]

ドレイクが八歳になったとき、父は彼に「地球によく似た」世界が他にもあると言った。この考えは、地球外生命体や系外惑星に対する彼のビジョンを形作り、それは以後決して色あせることがなかった。若き日のドレイクはオズの物語を愛読していた。また子どもの頃には、別世界に関する本を多数持っていた。作家のL・フランク・ボームは、第一巻に続いて一三巻の『オズの魔法使い』を著しており、その多くにオズの支配者であるオズマ姫が登場する。[31]

ドレイク少年は、やがて背が高いハンサムな若者に成長し、科学に対する愛着のおかげで予備役将校訓練課程奨学金を得てコーネル大学に入学した。入学当初は、天文学には特に興味を抱いていなかったが、すぐにその分野に惹かれるようになる。そして天体物理学の入門講座をとるあいだ、「宇宙には生命を宿した世界が他に存在するのか?」という、かつて父が彼に投げかけた問いに対する関心を失うことは決してなかった。しかし愚か者に思われることを怖れて、あえて教授たちにその質問をしようとはしなかった。この沈黙は、世界でもっとも高名な天体物理学者の一人であったオットー・シュトルーベにたまたま出会うことで弱まっていった。

シュトルーベは当時の星の研究を主導していた大柄で威圧的な人物であった。一九五一年に彼がコーネルに招待されて講演したとき、聴衆の一人にドレイクがいた。この講演は、星間ガスからいかに星が形成されるかに関して当時知られていた知見にテーマを絞っていた。講演が終わりに近づく頃、この堂々としたロシア系アメリカ人は、宇宙における生命に話題を転じた。そして、銀河系の星の少なくとも半分が独自の惑星系を持つことを示す証拠が集まりつつあると述べた。当時は惑星の形成に関する古びた衝突理論が廃れつつあった頃で、シュトルーベは、それらの惑星のいくつかに生命が存在しない理由などないと述べた[32]。それを聞いたフランク・ドレイクの頭のなかで光がまたたいた。彼の眼前には、少年の頃から自分を魅了してきたまさにその問いについて語る、功成り名遂げた年配の人物が立っていたのだ。

一九五八年の春、白い旧型のフォードに所持品すべてを積み込んでウエストバージニア州の奥地を走っていたときにも、ドレイクの心のなかではシュトルーベの洞察が生きていた。そのとき彼は、新設されたアメリカ国立電波天文台グリーンバンク観測所に赴く途中であった。この天文台に所属する新米の科学スタッフの一人になる予定だったのである。

冷戦時代の当時は、アメリカの国力の向上につながれば、いかなるプロジェクトにも、資金調達の門戸が開かれていた。ドレイクの言葉によれば、グリーンバンクは「世界最高の電波天文台を建設するために無限の資金が与えられた[33]」のだ。こうして都市からの電波の(そして地理的な)隔離を保つのにうってつけの、人里離れた緑に覆われた谷間に設けられたグリーンバンク天文台は、アメリカ電波天文学の新たな本拠地になったのである。

ドレイクが赴任した直後、高さ八五フィート[二六メートル]の、そびえ立つ鉄骨の電波望遠鏡が完成した。そしてグリーンバンク天文台に所属していた天文学者たちは、風車の形状をした銀河系の構造からその隠れた中心に至るまであらゆる事象を研究するために、新たに完成した望遠鏡を利用する計画

図3　フランク・ドレイクと、ウエストバージニア州グリーンバンクにあるアメリカ国立電波天文台グリーンバンク観測所の初期の望遠鏡（1964年）。

を立てた。[34] ドレイクは、これらの計画の多くに参加することになる。だが生命を宿す世界に対する思いは、彼の頭を離れることがなかった。だから、彼がこの巨大なアンテナを用いてそれを探査する方法を思案し始めるまで、長くはかからなかった。

「電波の強さは地球上で発せられている最強のシグナルに等しいものと仮定した場合、天文台の高さ八五フィートの望遠鏡を用いて、どれくらい遠くの他の世界から発せられた電波をとらえることができるかを計算した」と、ドレイクはのちに書いている。[35] その答えは、およそ一〇光年、つまり六〇兆マイル［九七兆キロメートル］であることがわかる。彼は、地球に似た世界を持つ可能性がもっとも高いのは太陽に類似する星であると考えていたので、彼が次に行なったのは、星図をチェックすることだった。幸先のよいことに、一〇光年の範囲には太陽に類似する星が少なくともいくつか存在していた。[36] こうして彼は、いよいよ真の研究プロジェクトが始まったと感じ始めた。

最初に計算を行なったあと、ドレイクはエイリアン文明の探査と同程度にばかげているように思える計画を天文台の同僚たちに認めさせる必要があった。グリーンバンクで暮らしていた科学者たちは、そこから数マイル離れた場所にある道端の食堂で食事をともにすることが多かった。ある冬の日、その食堂でランチを食べているときに、彼は他の世界に存在する知的生命の徴候を探査するために天文台の望遠鏡を用いる計画を同僚に売り込んだ。

「当時のアメリカ国立電波天文台の所長ロイド・バークナーは一種のギャンブラーで、その計画に全面的に賛成してくれた。そのようなわけで、脂ぎったフレンチポテトの最後の一本をコークで流し込んだとき、オズマ計画が生まれたのだ」

そう「オズマ計画」だ。ドレイクは、子どもの頃の沸き立つような夢に忠実に、この計画にエメラルドシティのお姫様の名前を与えたのである。天文台の経営陣に祝福されて、チームはオズマ計画を遂行するのに必要な装置の組み立てに取りかかった。こうして一九六〇年の春には、増幅器、フィルターなどの電波工学機器の運用準備が整った[37]。

その年の四月から七月にかけて、ドレイクは毎日六時間、目標に選んだ二つの星のどちらかに望遠鏡を向けていた。一つはくじら座タウ星で、もう一つはエリダヌス座イプシロン星であった[38]。

のちにドレイクは、当時を回想して次のように書いている。「毎朝アンテナの中心に登るとき、寒さと戦わねばならなかった。(……) そしてまさに探査を開始したその日、アンテナの方位をエリダヌス座イプシロン星に向けたちょうどそのとき、強いパルス状の電波が望遠鏡に飛び込んできた[39]」

だが、心臓の高鳴りをもたらしたこの「シグナルの到来」は、誤認であった。そのシグナルは、地上の人間が発したものだったのだ。ちなみに、ドレイクが地球外文明を発見したと思ったのは、結局この瞬間だけであった。オズマ計画は、一度も地球外文明の発するシグナルをとらえたことがないが、別の非常に重要な何かをとらえた。つまり世界中の人々の想像力を[40]。フェルミが数人の友人たちの前で重要な問いを発してからわずか一〇年後には、科学者の少なくとも何人かは、地球外文明に関する問いを真剣に検討するようになっていたのだ。

ドレイクがグリーンバンクの電波望遠鏡を用いた地球外文明探査の詳細をつめているあいだに、物理学者のジュゼッペ・コッコーニとフィリップ・モリソンが、「星間シグナルの探査」と題した画期的な論文を発表した。この論文は、もっとも権威ある科学雑誌の一つである『ネイチャー』誌に一九五九年に掲載された。この論文で二人の物理学者は、地球外先進文明が発したシグナルを拾う最善の方法として電波天文学の適用をあげていた。宇宙の塵は可視光線を遮断するため、私たちの目には銀河系は染みのように見える。しかし電波の「光」は、銀河の塵に満ちた領域を難なく通過できる長い波長を持つ。したがって電波をとらえれば、銀河系は透明になり、天文学者はその端から端までを「見渡す」ことができる。これは、可視光線を発する文明に比べて電波を発する文明が、より遠方にあっても検出しやすいことを意味する。[41]

ドレイクはすでに、それと同じ結論に達していた。しかしコッコーニとモリソンの論文は、彼とまったく同じように考えている研究者がいることを意味していた。グリーンバンク天文台の新任の所長を心配させたのも、まさにその点だった。ちなみにこの新任の所長とは、ドレイクを啓発した他ならぬオットー・シュトルーベである。それまでドレイクは、自分の行なった探査に関する情報が外に漏れないようにしていた。だが、他者に出し抜かれるのを怖れたシュトルーベは、講演のためにＭＩＴに招待されたおりに、オズマ計画を世間に公表したのだ。[42]

すぐにドレイクのもとには、訪問者が着実に姿を見せ始める。受賞暦のあるジャーナリスト、神学者、最前線で活躍するビジネスマンが、グリーンバンク詣でをするようになったのだ。オズマ計画と、コッコーニとモリソンの論文は、科学界が地球外文明の問題を扱うあり方を変えるきっかけになった。一九六〇年、人類は一方で自らの破滅に関する問いに苛まれつつ、他方で新たな可能性に満ちた宇宙時代の幕開けを目撃していた。これら二つの先進技術に関連する潮流は、政治と文化を改変し、一種の想像上のエーテルとして作用した。そして地球外文明の最初の真剣な探査を実現したのである。

オズマ計画によって、地球外文明をめぐる科学的な問いは、ようやく適切な科学の道具を用いて探査することが可能な方法で提示された。この重要な境界が突破されると、地球外文明は、史上初めて純粋に思索的なSFの世界から脱することとなった。一年後、若きフランク・ドレイクは、自分の仕事の結果をワシントンD.C.からの運命的な電話によって知ることになる。

グリーンバンク会議

英国出身のJ・ピーター・ピアマンは、米国科学アカデミーのスタッフの一人であった。一九六一年の夏、彼は電話で、ドレイクにすばらしい提案をした。ピアマンはアカデミーの宇宙科学委員の一人で、「地球外生命体との交信」に関する研究の可能性を検討する会議を主催してほしいと伝えてきたのだ。オズマ計画が始まってからの一年間、同僚の誰かが陰であざ笑っているのではないかとびくびくしていたドレイクは、ただちにその提案を受諾した。(43)

話題は次に、誰を招待するかに移った。ドレイクは、他の科学者たちが地球外生命体に関する問いを取り上げるだけでなく、政府の支援を受けた二つの委員会がそれについてすでに検討しているという事実をピアマンから聞いて喜んだ。それから二人は、招待する一〇人の科学者をリストアップした。

まず、『ネイチャー』誌に掲載された論文の著者コッコーニとモリソンの名前があがった。ドレイクは三人目として、オズマ計画に重要な装置を寄与してくれた電波技師ダナ・アチュリーをあげた。次に、オズマ計画が始まってからドレイクを訪問した、ヒューレット・パッカード社の「リサーチのドン」バーニー・オリバーが招待者の一覧に含められた。議長は天文学の権威でグリーンバンク天文台の所長であるオットー・シュトルーベが務めることになったが、彼はかつて指導していたス・シュー・ファン〔黄授書。中国出身の天文学者〕を追加するよう要請した。次に生命科学の専門家として、二人はメルヴィン・カルヴィンを選んだ。カルヴィンは、植物が日光を食物に変えることを可能にする光合成の化学経路を発見したカリフォルニア大学バークレー校の科学者で、次のノーベル化学賞受賞者の一人に彼の名前があがるだろうとうわさされていた。

作成した一覧を見てドレイクは、「われわれは、天体物理学者、天文学者、発明家、宇宙生物学者を集めた。残ったのは、宇宙人に実際に話しかけられる人物だけだ」とジョークを飛ばした。[44]ピアマンはこのドレイクのノリをそぐことなく、完全なオックスフォード訛りで、「まさにそれにふさわしい人物がいる」と言った。その人物とはイルカの研究で知られていた生物学者ジョン・C・リリーのことで、リリーは自分の研究によってイルカが人間と同じくらい知的な動物であることが判明したと主張していた。また、イルカは高度な形態の言語を持ち、自分はそれを解読できるとも主張していた。ドレイクは、リリーを招待者一覧に含めることに同意した。

一覧に追加したい人物が、もう一人いた。この人物は、他の招待者より若かった。だが彼は、ドレイクとともに将来の宇宙生物学の枠組みを決定づけることになる。一九六一年の夏、カール・セーガンは博士号を取得したばかりで、バークレー校の研究員になり、カルヴィンと、生命の形成に関する実験の考案に携わっていた。彼はまだ二七歳ではあったが、聡明さと不遜さの両方で、すでにその名が知られていた。(45)

会議は、一九六一年一〇月三一日に開催される運びとなる。招待状が出され、ほぼ全員が承諾したことにピアマンとドレイクは喜んだ。コッコーニだけが断ってきた(彼は、二度と宇宙生物学の研究に従事しなかった)。しかし会議の日が近づいてくると、ちょっとしたできごとが起こった。カルヴィンがノーベル化学賞を受賞するであろうことが、そしてその発表はグリーンバンク会議が開催される三日のあいだに行なわれるであろうことがわかったのだ。カルヴィンは、どうしてもグリーンバンクでストックホルムからの知らせを受けたかった。だからピアマンとドレイクは、それを祝うためにシャンペンをあらかじめ調達しておく必要があると考えた。しかしグリーンバンクでシャンペンを調達するのは、簡単なことではなかった。

「(シャンペンの調達は)乾燥したウエストバージニア州では簡単ではなかった」と、ドレイクはのちに回想している。「ウエストバージニア州は、各郡に一軒、州営の酒屋を割り当てていた。天文台にもっとも近い酒屋は、一〇マイル[一六キロメートル]ほど離れたキャスという名の小さな林業の町にあった。その頃、天文台はスタッフとして地元の運転手を抱えていた。彼は、地元ではよくあるフランス人の名と、考えられないような姓を持っていた。ビバレッジだ[「beverage」は飲み物を意味する]」。一瞬、彼にシャンペンを買いに行かせようかと考えたが、あまりにも滑稽に思えた。だからその週末、自分で車を運転してキャスまで行ったのだ[46]」

かくしてドレイクはキャスでシャンペンを一ケース購入し、グリーンバンクに戻ってきた。招待状を出し、シャンペンをしかるべき場所に隠すと、フランク・ドレイクがしなければならないことは、議題を決めることだけだった。「私はすわって考えた。〈宇宙で生命を発見するためには、何を知る必要があるのか?〉[47]」

ドレイクは、会議の議論の道筋をつけておきたかっただけだが、彼が選んだ道は、グリーンバンク会議をはるかに超えて影響を及ぼすことになる。当時の彼には知るよしもなかったが、彼の考えは、宇宙生物学の未来全体を決める原理になったのである。

グリーンバンク会議の目的は地球外文明との交信の可能性を探ることだったので、ドレイクの理解では、第一に取り組まねばならないもっとも重要な問いは、交信が可能な地球外文明がどれくらいあるかであった。これは、「地球上で検出可能な電波を発せられるまで、先進技術を発達させた文明は銀河系にいくつあるのか?」という、たった一つの単純な問いにまとめられ、会議はそれに答える必要があった。

銀河系には、およそ四〇〇〇億の星が存在する。[48] 技術文明の数(以下Nとする)が小さければ、地球外文明の探査が成功する見込みは薄いだろう。星の数があまりにも多いのに対し、居住者のいる星系は、見つけるにはあまりにも少なすぎることになるからだ。しかしNが大きければ(たとえば一〇億単位なら)、地球外文明を見つけるために無数の星系を探査する必要はないだろう。

したがってドレイクが必要としていたのは、Nの値を見積もることであった。彼はそのために、問題を七つの部分に分けた。会議に参加した科学者は、各部分について細かく検討することができた。もっとも重要なのは、各部分が、銀河系に存在する地球外文明の数（非常に重要なN）を導く方程式の一つの項として表現されていたことだ。

ここで、ドレイクの立てた地球外文明に関する問いと、それを表す方程式の七つの項を一つひとつ検討してみよう。

1．星の誕生率

地球で暮らす私たちの経験に基づいて言えば、生命は惑星で形成される。もちろん、星間雲など、惑星以外で生命が形成される可能性を問うことは、まったく妥当である（天文学者のフレッド・ホイルは、よく知られたSF作品『暗黒星雲』で、この見方をとっている）[49]。とはいえ私たちが持つ生命に関する知識に従えば、豊かな水や他の化学物質に恵まれた固い表面を持つ惑星であることが、生物が誕生する場所として必要とされる条件になる可能性のほうがはるかに高いだろう。かくして惑星に焦点を絞ることは、恒星に焦点を絞ることにただちにつながる。銀河系（巻末注＊50にあるように、ドレイクは私たちが位置する銀河系に対象を絞っている）において、何個の惑星が地球外文明を宿しているのかを知りたければ、まず何個の惑星が存在するのかを、つまり何個の恒星が存在するのかを知らねばならない[50]。だからドレイクの方程式は、銀河系で毎年誕生する恒星の数で始まる。天文学者はこの数値をN_*（エヌサブスターと読む）と表す。

2. 惑星をともなう恒星の割合

一年間に誕生する恒星の数がひとたびわかれば、それらの恒星の周囲にどれくらいの頻度で惑星が形成されるのかを問うことができる。惑星の形成は非常にまれなのか？ それともありふれているのか？

本章の前半ですでに述べたように、この問いは古い。そして二〇世紀のなかばになると、惑星の形成は、再び天文学者の激しい議論の対象になった。

ドレイクはこの問いを割合で表す。つまり彼が問うたのは、惑星を従えた恒星の割合である。彼はこの項をf_p（エフサブピー）というシンボルで表している。

3.「ゴルディロックスゾーン」に位置する惑星の数

恒星に惑星がともなっているかどうかを尋ねただけでは十分でない。生命、知性、文明の存在を考慮するにあたり、恒星を周回する惑星の軌道も、重要な要因になる。恒星に近すぎる惑星では、表面温度が非常に高くなるため、生命が誕生しても、すぐにフライになって原子に分解してしまうだろう。その一方、惑星の軌道が大きければ、その表面は永久に凍てつき、完全に近い暗闇が支配するだろう。

グリーンバンク会議が開催された頃、オットー・シュトルーベのかつての学生だったス・シュー・ファンは、恒星が「ハビタブルゾーン」に包まれていることを示す論文を書き上げたところだった。ファンはこの領域を、惑星の表面に液体の水が存在し得る軌道の帯域として定義している。[51] つまり水は、生命が誕生し繁栄するための重要な要因であるとされている。ファンが提唱するハビタブルゾーンの内側のへりは、そこを周回する惑星が、表面の水が沸騰しないぎりぎりの低い気温を保つ軌道に、また外側のへりは、惑星表面の水が凍結しないぎりぎりの高い気温を保つ軌道に対応する。

ドレイクとグリーンバンク会議の参加者たちは、（惑星をともなう恒星の）ハビタブルゾーンにどれだけの惑星が存在するのかを知る必要があった。言い換えると、表面を熱すぎることもなく、冷たすぎることもない状態に保てる軌道上に、どれだけの惑星が存在するかを知らねばならなかった。かくしてドレイクの方程式の三番目の変数は、恒星のハビタブルゾーンに位置する惑星の平均個数を示す。なお「ハビタブルゾーン」は、ときに「ゴルディロックスゾーン」とも呼ばれる。この項はn_p（エヌサブピー）と表される。

4．生命が誕生する惑星の割合

ドレイクの方程式の最初の三項は、純粋に物理学や天文学に関するものだが、四番目の項は化学と生物学を持ち込む。表面に液体の水の存在を可能にする軌道上にある惑星をともなう恒星があったとして、そこにもっとも単純な形態の生命が誕生する可能性はどれくらいあるのだろうか？　ドレイクはこの問いも割合で表し、f_l（エフサブエル）と呼んでいる。

f_lをめぐる議論は、生命のない物質を自己複製する状態に変換する化学経路を考慮する必要があることをつけ加えておこう。非生命からの生命の形成は、「生命発生（abiogenesis）」と呼ばれる。一九五〇年代前半にハロルド・ミラーがシカゴ大学で行なった実験は、ハビタブルゾーンに位置する惑星では、生命発生がそれほど困難ではないことを示す、説得力のある証拠をすでに提示していた。[52]

5. 知性が進化する惑星の割合

五番目の項は、生命の起源の生化学から、その変化形態のダイナミクスへと移行する。生命が惑星上で誕生したとすると、その生命は、どのくらいの頻度で知性を進化させることができるのか？　ドレイクは、この知性が進化する惑星の割合を f_i（エフサブアイ）と呼んだ。

6. 技術文明を持つ惑星の割合

六番目の項では、進化生物学から社会学へ移行する。知性を備えた生物を宿す惑星があったとして、どの程度の頻度でそこから技術文明が生じるのか？　この先進技術を発達させる惑星の割合は、f_c（エフサブシー）として表される。

実践的な側面から、ドレイクは「先進技術」を、電波を発する能力としてとらえていた。[53] したがって、彼の観点からすれば、古代ローマは確かに一つの文明ではあっても、技術文明であるとは見なされない。[54]

7. 技術文明の平均寿命

ドレイクの方程式の最終項は、もっとも印象的なもので、「人類文明のような文明は、どれくらいの期間存続するのか？」を示す。私たちのグローバルな社会は、数世紀もすれば燃え尽きてしまうのだろうか？　それとも数千年のさらなる発展が待っているのか？　技術文明が、平均を計算できるほどの頻度で起こると仮定した場合、平均寿命はどのくらいの長さになるのか？

Lと表記されるこの最後の項によってドレイクは、地球外生命体の社会学を深いレベルで考えるよう会議の参加者に求めたのである。資源の浪費に関する議論も出たが、一九六一年には核戦争勃発の脅威が高まっていたこともあり、ドレイクの方程式の最終項を論じる際には、攻撃性に焦点が置かれた(55)。地球外文明のほとんどは、人類文明と同様、攻撃的で好戦的なのだろうか？　進化するにつれ、徐々に平和的になっていくのか？　文明は、自滅するまでに平均してどれくらい存続できるのか？

すべての項目を一つの方程式にまとめる

グリーンバンク会議を進めるためにドレイクが選んだ七つの項はすべて、原則的に量的に答えられる問いを表していた。各項は独自の謎を含み、「私たちは孤独なのか？」という包括的な問いに答えるための一つのステップをなしていた。

具体的に言えば（会議の目的は具体的な答えを出すことにあった）、ドレイクの方程式は、「銀河系には、先進技術を発達させ電波を発する能力を持つ文明が、人類文明以外にいくつ存在するのか」と言い換えることができる。ドレイクが提示した議題の表現では、「Nの値は何か？」になる。

かくしてすべての検討項目を割り出せたので、ドレイクは、それらを一つの方程式にまとめることができた。その方程式は以下のように示される。

$$N = N_* f_p n_p f_l f_i f_c L$$

ドレイクの方程式を言葉で言い直すと、「私たちが電波を受け取ることのできる地球外文明の数は、一年間に生じる恒星の数（N_*）、惑星をともなう恒星の割合（f_p）、生命が誕生し得る惑星の数（n_e）、生命が実際に誕生する惑星の割合（f_l）、知性が進化する惑星の割合（f_i）、その知性によって技術文明が発達する割合（f_c）、それらの文明の平均寿命（L）を掛け合わせたものに等しい」となる。

これを見れば、科学者が方程式を好む理由がわかるのではないか。言葉で表現すると長くなる考えを、シンボルで構成される短い記述によって非常に明確にとらえることができるのだから。

一九六一年一一月一日の朝、ドレイクは、会議室のテーブルの周りに集まった参加者の前で、黒板にこの新たな方程式を書きつけた。チョークで俳句のように走り書きされた方程式は、指針、概観、あるいは議論の筋道をつける原理以上のものではなかった。

しかし、彼の方程式はそれ以上のものであることがやがてわかる。

グーグルスカラーで「Drake equation」を検索してみれば、数千の論文が見つかるだろう。アマゾンで検索すれば、関連する専門書、SF、Tシャツ、さらにはドレイクの方程式が刻まれたタングステンカーバイド製の指輪などといったものさえ見つかるだろう。ドレイクの方程式は、最初に紹介されて以来、多数の会議、雑誌記事、ドキュメンタリー番組で取り上げられている。

「（方程式が）天文学の多くの教科書で、ときにはいかにも重要そうに見える囲みのなかに記述されているのを見ると、今日でも驚かされる」と、のちにドレイクは書いている。彼はさらに、謙遜しながら「私は、それが科学の偉大なアイコンの一つと見られているのを知って、つねに驚かされている。というのも、それを考案するのに、深い知的営みや洞察力が必要だったわけではないからだ。しかしこの方程式は、昔も今も、入門者でも咀嚼できる形態で、一つの大きな考えを私たちに示してくれる」[56]

ドレイクの方程式の重要性を考えるには、まずそれが何ではないかを知っておく必要がある。それは物理法則ではない。アインシュタインの有名な方程式「$E = mc^2$」は、世界の振る舞いに関する基本的な真理を表現している。自然がそれ自体でいかに作用しているのかに関する理解を記述したものなのだ。それに対しドレイクの方程式は、私たちの理解の欠如を表している。つまり、「宇宙にはいくつの地球外文明が存在するのか?」という特定の問いに対する答えを導くために知る必要のあることを教えてくれるのだ。

ドレイクが登場する以前には、地球外文明に関する科学的な考察は、目標が定まっていなかった。存在していたものと言えば、科学雑誌、一般雑誌、書籍に掲載された思索的な文章くらいしかなかったのだ。理論的なものにせよ、実験的なものにせよ、一貫した研究プログラムを構築するための指針などなかった。彼は、大きな問いを七つの小さな問いに分割することで、他の科学者が地球外文明に関する問題に取り組むための糸口を見つけられるようにする有益な思考方法をあみ出したのである。

方程式の各項は、利用可能なあらゆる手段を駆使して単独で検討することができる。最初の三項は天文学者が、次の二項は生物学者が、最後の二項は社会学者や人類学者が検討できる。もちろん探究は、概して思索的なものになろう。しかし少なくとも、焦点が絞られた科学的な根拠のある思索になるはずだ。

時間をかけ辛抱強く研究を進めることで、あらゆる方向から進展が見られた。コンピューターを用いた化学反応の研究は、生命発生に関して洞察をもたらした。地球上における生命の進化の研究は、やがて知性に至る認知的なパターンが、いかに誕生したのかを示した。文明の平均寿命などのいくつかの項は永久に知りようがないのかもしれないが、惑星をともなう恒星の割合などの項は、グリーンバンク会議が開催された当時でも、把握できる範囲にあると考えられていた。加えて、地球からもっとも近い恒星でさえ五〇兆マイル［八〇兆キロメートル］離れていたが、太陽系の他の惑星は地球から比較的近かった。したがって火星、もしくは太陽系の他の場所で、もっとも単純な形態であれ生命が一つでも見つかれば、生物学に関する一つ目の項に関して、強力なヒントを与えてくれるはずであった。

つまりドレイクの方程式は、宇宙生物学者に考える道筋を与え、その過程を通じて、生命、文明、私たち自身を理解するあり方を変えたのだ。

また、ドレイクの方程式はグリーンバンク会議を成功に導いた。恒星の誕生率から始まって、技術文明の平均寿命に至るまで、九人の参加者は各項に対して、最善を尽くして十分な情報に基づく見積もりを提示することができた。彼らは楽観的で、すべての割合に一に比較的近い数値を割り当てた。しかしもっとも注目すべきことに、悲観主義は最後の項、すなわち先進技術を発達させた文明の平均寿命にとっておいたようだ。

会議の参加者は、文明には自滅によって自己の進化を台無しにする可能性があるという考えにとりつかれていた。実のところこの考えは、地球外知的生命体探査（ＳＥＴＩ）の歴史を通じて障害になり続けた。ドレイクののちの記述によれば、グリーンバンク会議の参加者は、「文明の寿命は、非常に短い（一〇〇〇年以下）か、極端に長い（おそらくは一億年以上）かのどちらかだろう」と考えていた。[57]

最終的に参加者たちは、最終項がもっとも重要であるという点で見解の一致を見た。恒星の数はぼう大であるため、銀河系は、最終項以外に関してドレイクや同僚たちが抱いていた悲観論の大部分を吸収できる。しかし、銀河系にはたった今、居住者がいなければならない。つまり人類文明と他の文明は、彼らが発したシグナルを私たちが受け取れるよう、存続期間が重なっていなければならないのだ。これは、地球外文明が少なくとも数百万年は存続しなければならないことを意味し、この長さは、グリーンバンク会議の参加者には大きすぎるように思われた。

会議が閉会する直前、ドレイクらは最後に残っていたシャンペンボトルを開けた（ノーベル賞委員会からカルヴィンへの電話は、すでに初日の夜にあった）。参加者たちはグラスを掲げ、オットー・シュトルーベが、「Lの値に乾杯！　願わくは、非常に大きな数であるように」と言いながら乾杯の音頭をとった。[58]

気候が変わった日

シュトルーベが乾杯の音頭をとってからわずか三年ほどしか経っていない一九六五年、リンドン・ジョンソン米大統領は、人類の運命にまつわる具体的な文脈のもとで文明の寿命という問題を取り上げた。連邦議会の合同会議で、「化石燃料を燃やして二酸化炭素の量を着実に増やすことで、（……）われわれの世代は世界的な規模で大気の組成を変えてきた」と述べたのである。[59]

五〇年以上も前に、一人のアメリカ大統領が、人為的な気候変動に気づき、その重要性を認識していたことは、特筆に値する。ジョンソン大統領は、高名な気候科学者チャールズ・キーリングやロジャー・レベルらに、二酸化炭素増大の危険性について手短に説明されていた。だから彼は、その問題について認識していたばかりでなく、議会でその件を取り上げるほど懸念していたのである。こうして彼が演説中に発したたったひとことは、地球温暖化が最近のデマにすぎないとする、大勢の気候変動否定論者の主張の誤りを明らかにしている。実のところ、人類の活動が地球に及ぼす影響に関する科学的な理解は、一世紀以上前にさかのぼる。ジョンソン大統領の演説が示すように、五〇年前ですら、そのような理解が、トップの政治家や政策決定者に認識されるほど、しっかりと根づいていたのだ。

だが各専門分野の最先端で人為的な気候変動を見ている科学者と、そのストーリーを消化する文化一般のあいだには温度差がある。一人の大統領が行なったたった一度の演説だけでは、人類自身と、世界において人類が占める位置について語る強力なナラティヴを特徴づける親近性を作り出すことはできない。それには時間と、一連の関連するできごとの流れが必要になる。たとえば、産業革命は最初の工場が建設された直後に生じたのではない。それが生じるには、多数の人々が農村から都市に移住し、そこでの日常生活を通じて新たなリズムや環境に慣れる必要があった。それによって初めて、私たちは自分たち自身を「産業化された存在」と見なせるようになり、また、鉄鋼やゴムや石油によって地球を征服した文明を築き上げてきた人類という新たなストーリーを語れるようになったのである。

同様に、人類はたった今、人新世に突入しようとしている。ジョンソン大統領の演説から五〇年が経過した今、氷河の融解、大規模な熱波、洪水によって浸水した都市などのイメージが流布するようになった。つまり私たちは、今になってようやく、気候が変動した世界での暮らしがいかなるものかを知るようになったのである。しかし一九六五年にジョンソン大統領が議員の前に立ったとき、そのようなストーリーは、まだ新しかった。

その日大統領が行なった演説の主旨は、環境保護にあった。生物学者のレイチェル・カーソンが『沈黙の春』を著して、環境に対する殺虫剤の影響に警鐘を鳴らしてから、まだ数年しか経っていなかった。大気圏内の核実験禁止条約が締結されてからは、さらにわずかな時間しか経過していなかった。一九五〇年代には、冷戦のために地球の即時の破滅が現実的な脅威になったが、一九六〇年代のなかばになると、文明プロジェクトの利便に頼る日常生活でさえ、総体として地球に影響を及ぼさざるを得ないことに気づく人々が現われ始めたのである。

しかし地球規模での持続可能性は、人類が自らに語りかけるストーリーとして、それとはタイプが非常に異なる。それには途方もなく拡大された想像のパレットが必要とされる。ジョンソン大統領が演説した頃、気候変動に脅かされる未来の構図は、惑星としての地球に対する理解を得る足がかりをつかんだ科学者の手で描かれ始めたばかりだった。彼らは史上初めて、緊密に統合された単一のシステム、言い換えると一種の惑星規模の巨大な機械として包括的に地球を理解する必要があると認識し始めていたのだ。

よくあることだが、この新たな見方は、皮肉にも戦略的な観点から、その切迫した必要性が認められるようになった。長距離爆撃機や大陸間弾道ミサイルの登場によって、冷戦時代の戦略家たちは、大気圏の上から地球を俯瞰する構図を思い描くようになった。彼らはまた、天候によって戦闘の帰趨が変わり得ることも深く懸念していた。気候の科学的な研究に資源がつぎ込まれるようになったのは、一つには彼らの要請があったからである。グリーンランドの氷の下に、原子力を動力源とする研究施設が建設され、過去千年間の気候パターンの変化が研究されるようになった。また深層海流を駆動している力を研究するために、測量機器を搭載した調査船が海洋を縦横に航行した。さらに重要なことに、核戦争勃

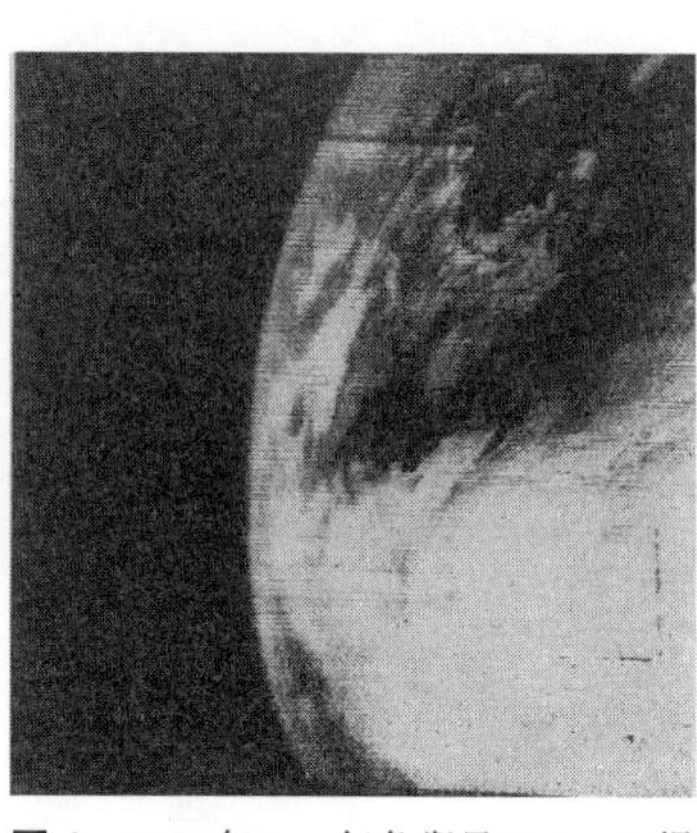

図4 1960年に、気象衛星によって撮影された最初の地球の写真。

発の脅威をもたらしたまさにそのICBMによって、調査衛星が地球を周回する軌道に打ち上げられるようになり、軌道上から地球を観察できるようになった。

これらは高価な世界規模の試みで、地球やそれに対する影響という観点から人類文明を見る新たな見方の礎石になった。

一九六〇年、設立まもないNASAは、世界初の気象衛星（タイロス1号）の打ち上げに成功する。一九六二年には、タイロスは地球の気象データを絶えず送ってくるようになった[60]〔タイロス1号のあと、タイロス気象衛星は何度も打ち上げられている。詳細は巻末注にあるNASAのサイト（英文）を参照されたい〕。それにより、人々の気づかぬうちにハリケーンが上陸してきて猛威を振るうことはもはやなくなった。そして史上初めて、人々は、宇宙空間に浮かぶ球体として撮影された地球の画像を目にした。当時の解像度の低い画像でも、大気圏の上から見た地球の水平線の優美な弧を確認することができる。このイメージは、私たちの集合的な想像力を再構成することになった。

一九六〇年代なかばになると、融合が始まる。融合とはつまり、タイロスの画像、二酸化炭素に関するジョンソン大統領の演説、フェルミの洞察、ドレイクのグリーンバンク会議はそれぞれ、文化的ジグソーパズルの一個のピースをなし、それらが集まり始めたということだ。各ピースは、星の光という新たな光のもとで人類の文明プロジェクトを見ることへ向けての第一歩を表していた。フェルミとドレイクは、「人類の文明プロジェクトにまつわるストーリーは、恒星や惑星が登場し、その可能性が試される宇宙の舞台で繰り広げられねばならない」という、科学者たちの新たな認識を代表していた。一方、冷戦時の緊急の必要性に基づいて資金が投下された気候の研究は、「地球のストーリーは、太陽光によって駆動され、人類を含めた生命によって形作られる強力な惑星システムという用語で語られねばならない」という認識を、別の科学者たちにもたらした。そしてジョンソン大統領の演説は、人類文明の地球への影響が、文化や政治の領域にも浸透し始めたことを示していた。

新たな人間のストーリー、新たな人間の神話が出現しつつあった。人類と文明プロジェクトが、惑星の進化の装置に不可避的に結びつけられていくという、ストーリーのあらすじが、形を整え始めていた。この新たなストーリーに描かれている力や危機や展望に気づいていた人は、当時はごくわずかしかいなかった。そのストーリーは、まだ語られ始めたばかりで、ほとんど形をなしていなかったからである。この新たな見方を鍛えていくために必要な次のステップは、地球の外に目を向けることだった。つまり、人類の長い歴史を通じて始めて、宇宙の最前線へと飛び立つ旅行者にならなければならなかった。そこでは太陽系の姉妹惑星たちが、独自の秘密のストーリーを語るために待っていた。

第2章　ロボット大使は惑星について何を語るのか

生まれつきの敗者

フロリダの太陽が、大西洋の青い海面に反射して輝いていた。だがジャック・ジェームズの気分は暗かった。一九六二年七月二二日のことだ。最悪の日だった。テキサス出身の技師であった彼は、他の惑星にアメリカ史上初の使者を送ることを目的としたNASAのマリナープログラムのプロジェクトマネージャーだった。彼はこの仕事を二年ほど前に手にしたばかりだった。一九六〇年代前半の宇宙開発競争全般に言えることだが、ジェームズのプログラムは、めまぐるしいスピードで休むことなく進められていた。そしてその努力の成果は、今や海底の藻屑となっていたのだ。

ジェームズと彼のチームは、一四か月足らずで金星に送る探査機を設計し、組み立て、打ち上げねばならなかった。[1] それまでは月が宇宙開発競争の第一の目標だったが、地球の岩だらけの衛星に電子機器を装備した奇妙な形をした箱を送るアメリカの試みの成果は、可もなく不可もなくといった程度のものであった。ソ連は、アメリカよりすぐれた成果をあげていた。九台の惑星探査機のうち三台が月に到達していた。それに対しアメリカは一台だけだった。[2] 今やNASAは、勝利以上のものを求めていた。ソ連を大きく出し抜く必要があったのだ。だからジェームズに、月を超えた宇宙に向けて使者を送るという大胆な仕事が与えられたのである。

図5 ロケット技師のジャック・ジェームズ（右）と、マリナープロジェクトのマネージャー、ダン・シュナイダーマン（左）。

マリナー1号は、地球と比べて太陽に三〇パーセント近いが質量と大きさがほぼ等しい金星をかすめて飛ぶために設計された[3]。当初の設計では、探査機は一二五〇ポンド［五六七キログラム］の科学機器、ソーラーパネル、ロケットモーター、燃料の積載を必要とした。しかし、マリナーを宇宙空間へと打ち上げるのに使われる予定であった、より強力な新世代のロケットブースターが爆発を繰り返したために、NASAの幹部はすぐに、再設計を求めてきた。そのためジェームズらは、マリナーの重量を三分の二以上削らなければならなくなった。

ジェームズはチームを統率して、あらゆる設計変更や課題に対処していった。かくしてその日がやって来た。その年の七月の朝、全世界が見守るなかで、フロリダ上空でマリナー1号のブースターロケットが点火した。数秒間は、打ち上げは順調に見えた。しかしその直後、アトラスブースターが左右に揺れ始める。いかなる打ち上げにも、問題が発生して地上に墜落する様相が見出されたとき、ロケットを粉々に吹き飛ばす任務を与えられた「射場安全監督官」が任命されている。発射から四分五三秒が経過した時点で（マリナー1号が打ち上げ用の本体から切り離されるたった六秒前に）、安全監督官は、大きな赤いボタンを押した[4]。

バーン！

ロケットが爆発してからまるまる一分間、地上の受信装置は、空中から海の墓場に向かって墜落する探査機が発するシグナルを拾い続けた。[5] マリナー1号は、少なくともただでは死なない鳥だったということだ。

打ち上げ成功まであと一歩だった。あと六秒無事なら、マリナー1号は金星に向かっていたことだろう。

ジェームズがココアビーチの借家に車で帰る際、ラジオからレイ・チャールズの「ボーン・トゥ・ルーズ」が流れてきた。彼は絶望していた。数年後彼は、宇宙船技術者の誰もが唱えるモットー「この業界でヒーローになるためには、一万のパーツをうまく働かせなければならない。そのうちのたった一個が故障しただけで敗者になる」を思い起こしていた。[6]

ジェームズらは、落ち込みはしたがゲームから締め出されたわけではない。破壊された探査機には、双子の弟がいた。マリナー2号がケープ・カナベラルで待っていたのだ。[7] ヒーローになるための時間は、まだ残されていた。

金星問題

宇宙開発競争の論理によれば、探査機を月に送ったあとの次なる目標は、火星か金星であった。どちらも、月への三日の道のりを数か月に伸ばせば到達可能な隣の惑星だからだ。またどちらの惑星にも、地球外生命体に適した温和な気候を持つ世界として夢想家たちが描いてきた長い歴史がある。

図6　1884年に刊行されたフラマリオンの著書『天空の大地（*Les Terres Ciel*）』に描かれている金星の想像図。

太陽に近い金星は、太陽から地球の二倍のエネルギーを受けている。[8] だからかつて、大勢の天文学者が、金星をジャングルで覆われた惑星だと考えていたのである。一八七〇年、『世界の多数性について』の著者フラマリオンは、ヒマラヤ山脈より高い山々に取り巻かれた沼の多い広々とした平地として金星の風景を描き、読者を魅了した。[9]

フラマリオンは、金星が生命に満ちた世界であると説いている。彼は次のように書く。「金星にはどんな居住者がいるのだろうか？（金星に存在する）生命は地球の生命とほとんど変わらないであろうこと、そして金星の世界は私たちの世界にもっともよく似たものの一つであること、確実に言えるのはそれくらいだ[10]」

しかし天体物理学が発展し、観測精度が向上するにつれ、ジャングルに覆われた金星という悦楽的な夢想は、批判の対象になっていった。そもそも一八世紀後半には、天体観測によって金星が常時雲に閉ざされていることが明らかにされていた。[11] そして二〇世紀なかばには、金星の大気は、二酸化炭素濃度が高いことが明らかにされた。地球の大気の構成は、窒素七八パーセント、酸素二一パーセント、その他一パーセントである。私たちがたった今呼吸している空気の二酸化炭素濃度は、〇・〇三九パーセントにすぎない。これから見ていくように人類のストーリーで大きな役割を演じている分子としては、この数値は非常に小さい。しかし金星の大気は、二酸化炭素でほぼ占められている。気体の九五パーセント以上が二酸化炭素なのだ。[12]

それだけ多量の二酸化炭素は、金星を地球とは非常に異なる惑星にしている。一九五六年には、天文学者は、その違いがいかなるものかを示す最初の証拠を手にしていた。フランク・ドレイクがすぐにグリーンバンク天文台で用いるようになるものと同種の電波天文学の知識を用いることで、米国海軍研究所（NRL）の科学者たちは、金星の表面温度が華氏六〇〇度［摂氏三一六度］を超えることを示す証拠を突き止めたのだ。[13]これは水の沸点より数百度も高い。NRLの手にした結果が正しければ、フラマリオンはとんでもない妄想を抱いていたことになる。彼の思い描いた金星の沼は、とうの昔に沸騰して干上がっていたはずだ。さらに重要なことに、この温度は、いかなる形態のものであれ、生命が存続するには高すぎる。どうやら金星がもっともよく似ている場所とは、地球ではなく地獄のようだった。

地質学と、地球の地質学的研究はすでに長く行なわれていたが、あらゆる惑星を研究の対象にする惑星科学は誕生したばかりであった。NRLの得た結果は、自分を惑星科学者と見なす一部の研究者のあいだで激論を巻き起こした。その原因の一つは、わずか数年前に、別の研究チームが、金星には惑星全体を覆う広大な海洋が存在すると予測していたことにある。[14]しかし、金星の気温がオーブンのなかに匹敵するほど高いことを示したNRLのデータに基づけば、そこでは海洋や湖、それどころかコップ一杯の水さえ存在し得なかった。

それに対して、NRLのデータは誤って解釈されていると主張する科学者もいた。データの源泉は金星の表面ではなく、金星の大気と、苛烈な条件を課してくる宇宙空間の境界で生じている原子レベルの激烈なプロセスにあるというのが、彼らの主張だった。[15]

この難問を解くためには、地上の施設にはない能力が必要とされた。当時の望遠鏡は、もっともすぐれたものでも、表面の灼熱地獄と大気の高層で起こっているプロセスを識別できるほど詳細に金星を観察することができなかった。そのレベルの詳細さを確保する一つの手段は、宇宙探査機を金星の近くまで飛ばすことだった。

しかし、金星の気候の謎を解くために天文学者が必要としたカギは、宇宙探査機だけではなかった。NRLの結果が科学者にとって衝撃的だったのは、なぜそうなのかが誰にもわからなかったからだ。確かに金星は地球より太陽に近いが、その程度の近さは、金星の表面温度を、数百度ではなく数十度の単位で上昇させるにすぎないはずだった。[16]金星の表面温度がほんとうに華氏六〇〇度にも達しているのなら、さまざまな側面でかくも地球に似ている惑星が、そこまで地球と異なる灼熱の世界と化した理由はまったくの謎だった。そのようなわけで、当時必要とされていたのは、金星を途轍もなく高温の世界にした理由を説明してくれる理論であった。

この課題を引き受けたのは、カール・セーガンという名の、博士課程に在籍する、若くまだ実績のない学生であった。当時は誰も予想していなかったことだが、セーガンの業績は金星問題を解いただけでなく、私たちの世界が人新世に突入することの意味を深く理解する糸口を与えてくれた。

温室効果

一九九六年に死去したにもかかわらず、カール・セーガンは一般の人々のあいだでもっともよく知られた科学者の一人であり続けている。その六二年前に、ブルックリンの労働者階級のユダヤ人家庭に生まれた彼の科学に対する熱意は、まだ幼かった頃の一九三九年に国際博覧会に出かけたときに芽生えた。彼の生涯を特徴づける、他の惑星の生命に対する情熱的な関心は、それよりやや遅れてティーンエイジャーの頃、『アスタウンディング・サイエンス・フィクション』誌や、H・G・ウェルズのような作家の作品を読み耽ったことで生まれた[17]。

シカゴ大学に入学したセーガンは、科学者として、またヒューマニストとして思考するよう訓練された。のちに彼の一般向けの著作やTV番組への出演が万人に受けたのは、この科学とヒューマニズムの組み合わせによるものであった。彼はそれからシカゴをあとにして、九〇マイル［一四五キロメートル］北西にある、ウィスコンシン州のヤーキス天文台に移り、そこで博士号の取得を目指した[18]。

天体物理学で博士号を取得するためには、何年もの努力を要する。まずは理論や観測に関する高度な講義を受けなければならない。それが終わってからようやく、学生は独立した研究を始められる。セーガンは地球外生命体に関心を抱いてヤーキス天文台にやって来た。だから大学院［ヤーキス天文台はシカゴ大学に所属する］で専攻するテーマとして、惑星科学と現在では宇宙生物学と呼ばれる分野が交差する領域に属する三つの課題を取り上げた。その一つが、金星問題だったのだ。

セーガンの問いは、「どんなプロセスが金星の表面を灼熱地獄に変えたのか？」という、至って単純なものだった。彼は、数十年にわたって発表されてきた既存の科学論文を渉猟して、その答えを求めた。それによって見つけた答えは、現在では温室効果として知られている現象であった。

地球のような惑星は、大気が存在しなければ氷に深く閉ざされた世界になっていただろう。物理の基礎知識があればそのことはすぐにわかる。惑星に降り注ぐ太陽光は地表を暖める。暖められた地面は、熱せられた原子の揺れによって生じる電磁波を放出する。この現象は熱放射と呼ばれる。絶対零度を超える温度を帯びたいかなる物体も、周囲に熱を放出する。これを読んでいるあなたの身体も同様だ。熱とはエネルギーのもう一つの形態にすぎず、地球の温度を一定に保つためには、流入してくるエネルギーと、熱放射によって放出されるエネルギーのバランスがとれていなければならない。科学者はこのバランスを、惑星の平衡温度と呼んでいる。

惑星の平衡温度の算出には、天文学の講義でたいていの学生が最初に学ぶ基礎物理の知識が必要とされる。この計算を終えると、学生たちは皆、「地球に大気がなければ、その平衡温度は華氏零度［摂氏マイナス一八度］近辺になる」という驚くべき結論を目にするだろう。この温度は、氷点よりはるかに低い[19]。

私たちは誰も、地表のほとんどが凍結していないことを日常の経験から知っている。事実、現在の地球の平均気温は、華氏六一度［摂氏一六度］と穏やかだ[20]。つまり地球は、水のほとんどが、固体（氷）や気体（水蒸気）ではなく液体の状態でいられるほどの温かさを、どうにかして保っている。それが可能になるよう気温を上げているのは大気で、地球を包み込んでいる気体の毛布が平衡温度を上げているのだ。だが、それはいかにして生じるのか？

快晴の日に太陽を見ることができるという事実は、太陽からやって来る目に見える光が、地球の大気を構成する気体に対してほぼ透明であることの証拠になる。つまり太陽が放つ、目に見える範囲の電磁波は、透き通ったガラスの窓を通過するように、邪魔されずに大気を貫く。しかし暖められた惑星の表面から熱放射された電磁波は、電磁スペクトルの可視の範囲にはなく、私たちの目には見えない、より長い赤外の波長を持つ。したがって、入って来る太陽光は自由に大気を通過して来るが、地球の温められた表面から放たれる、より長い赤外の波長の電磁波については、話がまったく異なる。[21]

寒い冬の夜にまとう毛布のように、地球を包み込む気体の毛布は、それがなければ外へ逃げてしまう放射されたエネルギーを留めておく。そして地球の気温を氷点より高く保っているのは、この閉じ込められたエネルギーなのである。農業用の温室も類似の原理に従っている。温室の窓は、太陽光は入って来られるようにするが、暖められた空気は逃げないようにする。そのようなわけで温室効果と呼ばれているのだ。

地球の研究者にとって、温室効果は特に新しい知識ではない。一八九六年、のちにノーベル化学賞を受賞する化学者のスヴァンテ・アレニウスは、地球の温室効果への人間の活動の影響を発見した。[22]彼は単純な数理モデルを用いて、温室効果による地球温暖化の物理学を開帳し、いかにして地球が大気によって暖められるのかを示した。また、それと同程度に重要なことに、彼の計算は、人間の活動が温暖化に影響を及ぼしていることも示した。石炭消費の記録を用いて、すでに人間が、エネルギーのバランスを変えるほど二酸化炭素を大気に放出してきたことを見出したのだ。そしてそのデータを用いて、人類が大気に二酸化炭素を放出し続ければ、やがて地球の気温を上昇させる結果になるだろうと予測した。

彼の紙と鉛筆による計算は、およそ五度の世界的な気温の上昇を予測していた。[23] これは、現代の予測にきわめて近い。気候変動否定論者のいる現代において、人為的な気候変動に対する理解が、それほど早くからあったという事実を知るのは、驚きでもある。

セーガンは、そのアレニウスより文字どおり遠くを見ようとした。地球に当てはまることなら、はるか遠くの惑星にも当てはまるはずだと考えたのだ。温室効果は普遍的な現象でなければならなかった。だから彼は、金星の温室効果の程度を計算し、それによって金星の極端な高温を説明できるかどうかを確認する作業に取りかかった。ウィスコンシン州の寒い冬の日々、ヤーキス図書館に収蔵されている多数の論文を何日もかけて渉猟し、大気による赤外線の吸収や、それに続く惑星の温暖化に関する基礎物理を学んだ。かくして何か月も骨の折れる作業を続けたあと、彼は答えを手にした。二酸化炭素濃度が非常に高い大気を持つ金星は、NRLデータが示す華氏六〇〇度に近いレベルまで表面温度を上げるに十分なエネルギーを閉じ込めていることがわかったのだ。[24] 金星が大釜のように煮立っているのは、温室効果のせいであった。

今日の科学者は、宇宙のいかなる惑星も、一連の同じ力やプロセスに服していると認識している。各惑星には独自のストーリーがあるとしても、それらのストーリーはすべて、風、重力、化学作用など、同じ一連のプレイヤーによって演じられている。地球もその例外ではなく、これから見ていくように、その事実は人新世をめぐる基本的な教訓になる。しかしヤーキス図書館でカール・セーガンが一人で作業をしていた頃は、宇宙の惑星に関するこの普遍的な見方は、まだ新しかった。忘れられたのも同然の二、三の論文を除くと、セーガンただ一人が、地球上で生じている温室効果による温暖化のプロセスを他の世界にも適用しようとしていたのである。彼はのちに、「私の知る限り、この惑星では、金星の温室効果に関心を抱いている人はほぼ誰もいなかった。（……）ある意味で、私がたまたま発見したと言えるかもしれない」と述懐している。[25]

生き地獄

ロケット技師でプロジェクトマネージャーのジャック・ジェームズには、マリナー1号の喪失を悲しむ暇は一日しか与えられていなかった。地球と金星が、計算によってはじき出された探査機の飛行経路に適した位置をとる時間枠は、一か月以内に閉じるはずであった。だからジェームズのチームは、ただちにマリナー2号の打ち上げ準備を整えなければならなかった。それから二八日後の一九六二年八月二七日午前二時五三分に、もう一台のアトラス・アジェナロケットが、もう一本の火柱を吐きながら地上から舞い上がろうとしていた。

今回の打ち上げは成功した。かろうじてではあったが。アトラスブースターがマリナーの本体から分離する数秒前、コントロールエンジンの一つが止まったために、ロケットがスピンし始めたのである。またもや打ち上げが失敗に終わる怖れが生じたが、このミッションの「七つの奇跡」のうちの最初の一つが起こった。スピンのせいで生じた飛行経路の狂いを是正可能なうちにコントロールが取り戻されたのだ。かくして第二段ロケットが点火し、マリナー2号は一路金星に向かった。

探査機が二五〇〇万マイル［四〇二三万キロメートル］の宇宙空間を飛行して金星に到達するには、三か月を要する予定だった。その間、ソーラーパネルが作動しなくなる、機内の温度が危険なほど高くなる、搭載されているコンピューターが、金星に接近する際、装置を「遭遇モード」に切り替えなかったなど、さらに六回システムの重要な部位に問題が生じた。しかし障害が発生するたびに、問題が勝手に収まるか、ジェームズ率いるNASAジェット推進研究所（JPL）のチームが、回避策を見つけることで、災厄に至らずに済ませられたのだ[26]。

ジェームズは当時を思い起こして、「夜中の何時だろうが呼び出された。そのときの私は神経が張り詰めていたので、私を呼び出すときには〈問題はありません〉か〈問題があります〉のいずれかで話を始めるよう全員に命じていた」と述べる。前述のとおり、実際、「重大な問題があります」で始まる呼び出しがかなりあった[27]。

このようにさまざまな問題が発生したにもかかわらず、マリナー2号は、一九六二年一二月一四日に、金星の直径のおよそ六倍にあたる二万二〇〇〇マイル［三万五四一〇キロメートル］より内側を通過した。マリナー2号からJPLにデータが送られてくるにつれ、NRLの研究結果と、カール・セーガンの提唱する温室効果理論の正しさが明らかになっていった。焼けつくような金星の高温は、大気の高層ではなく、惑星表面で観測された。金星は、まごうかたなき生き地獄だったのだ[28]。

セーガンが提唱する金星の温室効果モデルを裏づける証拠は、宇宙開発時代が進むにつれ、より成熟したものになっていく。次の四〇年を通じて、二〇を超える宇宙探査機が、地球の姉妹惑星を訪問している。雲を貫くレーダーによって高解像度で金星の表面をマップする探査機もあれば、時速数百マイルで吹きすさぶ風など、大気の状態を詳細に調査する探査機もあった。ソ連は、金星の表面に探査機を送りさえした。この探査機は、激しい熱と、原子力潜水艦をも押し潰せるほどの気圧に屈するまで、数時間作動した[29]。

これらの研究から、二酸化炭素による温室効果が暴走した世界のありさまが明らかになってきた。この破局的な現象は暴走温室効果と呼ばれ、私たちの世界を支配している気候循環を理解するためには必須の要素であることがやがて判明する。

二酸化炭素が自然に惑星の大気に加えられる第一の方法は、火山の噴火によるものだ。溶岩が地表から噴出し、大量の二酸化炭素を吐き出す。レーダー撮像による金星の画像は、最近（つまり最近の数億年以内に）火山活動があったことを裏づける証拠を示している。しかし火山によって大気に加えられたものは、水によって取り去られ得る。岩は、雨や川という形態での水による「風化」によって、化学的な構成要素に分解される。やがて、これらの化学的な構成要素は、大気中の二酸化炭素と結びつき、固体へと、つまり新しい岩として凝固する。このようなプロセスを通じて、マイアミ州の地盤を構成する石灰岩のような、「炭酸塩」と呼ばれる鉱物が生成されるのだ。

したがって火山によって大気に吐き出された二酸化炭素は、大地の岩に戻ることができる。やがて岩は、地球の低層へと沈み込んで溶け、将来再び火山を介して二酸化炭素が大気に戻されることを可能にする。これが大気の二酸化炭素の量を、よって温室効果を調節している循環なのである。どうやら金星では、この循環が壊れているようだった[30]。

金星にも、多量の水を宿していた時期があったのかもしれない。海洋が存在し、生命の存続に適していた時期があった可能性すら考えられる。しかしその水の一部が大気の上層へと蒸発すると、そこで致命的なプロセスが始動した。宇宙空間と境を接する大気の上層では、太陽からの紫外線（皮膚がんを引き起こすものと同種の紫外線）が水の分子に当たり、水の分子は水素と酸素に分解する。あらゆる元素のうちでもっとも軽い水素は、水分子が分解するとただちに宇宙空間へといとも簡単に離脱していく。かくして水素が失われると、分解した水が再形成する可能性はなくなる。大気の上層でこのようなプロセスが続くことで、金星は貴重な水を宇宙空間へと失っていったのだ。[31]

水の喪失は、科学者が気候に対する正のフィードバックと呼ぶプロセスを始動する。水が失われれば失われるほど、岩の侵食は起こりにくくなり、二酸化炭素が岩に閉じ込められなくなる。大気中の二酸化炭素濃度が上昇すれば、温室効果がより強く作用し、気温は上がる。気温が上がれば、ますます多量の水が失われる。そして……、あとは読者の想像どおりだ。

地球では、金星のようなあり方で水が失われる危険性はない。地球の大気には、およそ地上一二マイル［一万九三一〇メートル］の高さに、とりわけ温度の低い層があり、そこで水は凝縮し、雨や雪となって落下する。そのためそこで、水分のさらなる高層への上昇が妨げられる。科学者が「コールドトラップ」と呼ぶこの現象は、かつては金星にも存在していたのかもしれない。しかしある時点で、大気の層の構成が変化し、水分子は、分解して宇宙空間へと永久に失われるほどの高層まで上昇するようになったのだろう。[32]

水が地表に近い高さに安全に閉じ込められている地球では、炭素循環が、気候に対する負のフィードバックとして作用する。負のフィードバックは、小さな温度の変化が制御不能になるまで拡大するのを防いでくれる。地球の気温が、二、三度上がったとしよう。それによって水分の蒸発量が増加すると負のフィードバックが始動する。水分が蒸発すればするほど、雨が降りやすくなり、降雨量が増えると侵食作用が強まる。侵食作用が強まると、大気中の二酸化炭素が岩に吸収されやすくなる。大気中の二酸化炭素の量が減少すれば、温室効果が弱まり、地球の気温はもとの温度に下がる。

温室効果が悪化した明らかな例を示すことで、金星は、惑星の気候に対する正と負のフィードバックループの効果について教えてくれる。惑星に独自の特徴を与えたり、その特徴の変化を引き起こしたりしている物体やエネルギーの循環について、深く考えるよう促してくれるのだ。マリナー2号以来、私たちが金星に送った探査機は、地球に瓜二つになり得た惑星が、いかにモンスターになり果てたのかを教えてくれた。金星の探査は、純粋に地球の研究から得られた既存の理解を援用しつつ、まだ若い気候科学の発達を促し、それによって得られる知識の幅を広げた。健康な身体を保つ基本的な生理作用を理解するために医師が症例から学ぶように、暴走温室効果が支配する金星は、地球のような世界を形成している、大気と地質の複雑な相互作用を理解するための一種の実験室になったのである。

惑星に着目することは、惑星の法則の理解に向けて一歩を踏み出すことでもある。科学者たちは、太陽系に属する世界に着目することで、あらゆる惑星が従わなければならない一般法則を解明する試みを始めつつあった。ジャック・ジェームズのような開拓者に率いられた初期の惑星探査や、若き日のカール・セーガンの理論的な研究は、人類が惑星に住まう生物種として成長を遂げるための第一歩であった。私たちは当時、人類とその他の創造物の深い共通性を理解し始めていたのである。

ここで、カール・セーガンは、金星の過剰な温室効果を予測したことでしかるべき栄誉を与えられたが、マリナー2号の観測結果を報告する論文には彼の名前がないことをつけ加えておこう[33]。プロジェクトが始まった頃には、セーガンはマリナーの設計チームに加わっていた。そこで彼は、カメラの搭載などいくつかの提案をした（この提案は却下されている）。だがジャック・ジェームズのチームには打ち上げ日が迫っていたので、セーガンが自分の仕事を果たしていないと感じるメンバーもいた。彼らの懸念は正しかったことがのちに判明する。というのも、私生活で危機が出来したため、セーガンは期待されていた役割を全うするどころではなくなったからである。

まだ博士課程に在籍していた一九五七年、カール・セーガンは、優秀だが、まだ誰の指導も受けていなかった学生のリン・マーギュリスと結婚した（彼女の当時の姓はアレクサンダーであった）。二人が出会ったとき、マーギュリスはまだ科学で身を立てようとは考えていなかった。セーガンは、生命や惑星に関する問題を彼女に教えた。すると若きマーギュリスの想像力に火がつき、子どもが生まれたにもかかわらず、彼女は大学院に入って生物学の研究を行なうようになる。しかし過密なスケジュールを抱えるセーガンは、子育てと家事の重荷をマーギュリスに任せきりにせざるを得なかった。家事と大学院での研究を両立させようと五年間努力したあと忍耐が限界に達したマーギュリスは、子どもを連れて、スケジュールを過剰に遵守しようとするセーガンのもとを去ったのである。[34] しかし科学の歴史における幸運な展開の一つとして、リン・マーギュリスはやがて、生命と惑星の相互作用の歴史の理解において重要な役割を果たすことになる。だがその前に、セーガンや他の科学者たちが火星の探査に取り組まねばならなくなった話をしなければならない。

岩盤に覆われた火星

数十億ドルをかけたマーズ・エクスプロレーション・ローバープログラムの主任科学者スティーブ

ン・スクワイヤーズは、心配していなかった。計画は確かに狂気じみてはいたが、だからといって心配する必要はなかった。それは、ロボットローバー「オポチュニティ」が火星に着陸する予定であった、二〇〇四年一月二五日の夜のことだった。スクワイヤーズは、三億マイル［四・八三億キロメートル］離れた場所で、オポチュニティが降下カプセルに包まれ、時速一万二〇〇〇マイル［一万九三一〇キロメートル］で火星に降下するあいだ、NASAのジェット推進研究所の飛行制御室で待機していた。六か月前に打ち上げられて以来、オポチュニティは赤い惑星に向かってまっすぐ飛行していた。しかし、以前のミッションのように速度を落として周回軌道に入ることはなかった。その代わり、四億ドルの探査機は、火星の赤道のすぐ南に位置する広大なメリディアニ平原の着陸地点にまっすぐ向かっていたのだ。

計画は次のようなものだった。突入・降下・着陸（EDL）フェーズでは、オポチュニティは宇宙空間から火星にまっすぐ飛び込み、火星の薄い大気との摩擦で速度を落とす。それから超音速パラシュートが開き、さらにカプセルの降下速度を落とす。事態が計画どおりに進めば、さらにそのあとで着陸機（ランダー）が、長さ六五フィート［一九・八メートル］のロープにつながれたまま、糸巻きをほどくようにして残りの機体から落とされる。降下が続くうち、巨大なエアバッグがランダーの周りで爆発的に膨らむ。地上からおよそ一〇〇フィート［三〇・五メートル］の高さに達した時点で、逆噴射ロケットが点火し、機体全体を空中に静止させる。エアバッグに包まれたランダーは、地上四〇フィート［一二・二メートル］の高さに吊るされる。それからロープが切られ、エアバッグに包まれたランダーは地表に落下し、そこでビーチボールのように勢いよく跳ねる。一マイル［一・六キロメートル］程度跳ねたあと、ランダーは火星表面に静止する。[35]

確かに狂気じみた計画だ。

しかしこの狂気じみた計画には、すでに成功の実績があった。それからちょうど三週間前、オポチュニティの双子の兄であるスピリットローバーが、火星の反対側で跳ねながら無事に着陸していたのだ。そしてこの六輪の走行する地質実験室は、火星表面を移動しながらデータを集めていた。だからスクワイヤーズは、心配していなかった。過剰には。

JPLの飛行チームが、オポチュニティが無事に試練に耐えたことを知らせるシグナルを拾うまで、長時間待たねばならなかった。だがやがて、EDLマネージャーは叫んだ。「着陸したぜ、ベイビー」と。かくしてオポチュニティは無事に火星に着陸し、制御室は歓声に包まれた。

一時間以内に、オポチュニティのカメラが作動し映像が入ってくると、スクワイヤーズはローバー操作室に移った。チームのメンバーは、探査機が正確にどこに静止したのかを確認しようとした。のちにスクワイヤーズは当時を思い出して、「スクリーンには映像が表示されていたが暗かった。そこには何かがあったが、露出不足だった」と述べている。それからゆっくりと、映像は調整、つまり引き伸ばされた。「引き伸ばされて、ただちに何を見ているかがわかった。あり得ないことが起こっていた。あまりにもできすぎていて、とても信じられないくらいだった」と彼は書いている。(36)

ローバーの直前には、丘を切り開いた道を車で走っているときに目にするような岩盤の層が露出していた。地球上の岩盤同様、スクワイヤーズが目にしていた露出した岩の層は、一つの記録でもあった。つまりそこには、何百万年、あるいは何十億年も過去にさかのぼる圧縮された火星の歴史が、サンドイッチのように挟み込まれていたのだ。彼らは岩に刻まれた、火星という惑星の進化の様態を目にしていた。まさに科学の金鉱を掘り当てたにも等しかった。

赤い惑星の探査

人類が蓄積してきたあらゆる知識に瞬時にアクセスでき、地上五マイル［八〇〇〇メートル］の上空をジェット旅客機が常時行き交う世界では、火星ローバーの大胆さは見逃されやすい。スピリットやオポチュニティ（のちにはキュリオシティ）を火星の表面に無事に送り届けることは、それだけでも狂気の沙汰に近い。しかしこれらのローバーに組み込まれている技術は、人類が自画自賛してもよい理由になろう。これらのロボット科学者は、火星の大地を何マイルも移動し、岩に穴をあけ、重要な化合物をかぎわけ、高解像度の映像を送ってくる。火星探査は、人類の最善の集合的な展望と、きわめて困難な課題を解決する能力を代表するものだ。

しかし、ローバーや各国の探査機による火星探査は、単なる技術を超越した何ものかを表している。それらの試みのおのおのは、惑星に住まう生物種として人類が成熟していくための一つひとつのステップをなす。高解像度の画像を通じて他の世界の光景を見ることで、地球とは別の世界、あるいはもしかすると文明を持つ他の世界に関する新たな知識が生まれた。だがその知識を獲得するための道は、困難に満ちていた。というのも、私たちの期待は現実によって何度も打ち砕かれたからである。

火星は金星同様、初期の惑星探査の目標になった。ジャック・ジェームズのJPLチームがマリナー2号を太陽の方角に向けて飛ばしてからたった二年後には、マリナー4号はこれまで長く私たちの想像力を刺激してきた火星に向けて、太陽から遠ざかる軌道を飛んでいた。

カール・セーガンは、マリナー4号の設計チームにも加わっていた。そして今回は、カメラをめぐる議論に勝利し、マリナー4号には（今日の基準からすると）初歩的なTVカメラが搭載された。このカメラが送り返してきた画像は、火星とはどんな惑星なのか、それが私たちにとっていかなる意味を持つのかに関する人類の夢をただちに変えた。

つねに雲に覆われている金星は、白い円盤以上のものとして見られたことがなかった。だが火星に関しては話が異なる。一九世紀なかばには、火星の表面には長い時間をかけて変化してきた地形が存在することが天文学者のあいだで知られていた。この事実は、一九世紀の多くの科学者を「火星は地球に似た気候を持つ」という劇的な結論に導いた[37]。

さらに重要なことに、天文学者たちは、火星には、気候のもっとも基本的な特徴である季節が存在すると考えていた。赤い惑星の極地の白い突起は、すでに一七世紀には観察されていた。この突起は、火星が六八七日の軌道を周回するにつれ、成長したり退いたりした。一八七〇年にフラマリオンが、火星を生命に満ちた世界として描いたのには、十分な理由があった[38]。

二〇世紀に入る頃になると、赤い惑星に対するパーシヴァル・ローウェルの執着によって新たなドラマが繰り広げられる。ローウェルは、イタリアの天文学者ジョヴァンニ・スキアパレッリの手による、火星の表面に長い直線的な構造が見られることを示した研究に触発されて火星に魅了されるようになった。ローウェルの主張によれば、それは運河であり、知的な文明の産物であった[39]。彼は一般向けの本を書き、そこで火星にはかつて居住者がいたことがあり、その社会は実のところ、気候変動の犠牲になったのだと強引に主張した。運河は、乾燥しつつあった火星で、極地の氷冠から引水しようとする必死の試みだったと考えたのだ。ほとんどの天文学者はローウェルのこの見方を希望的観測だとして切り捨てた。だが、一般の人々の想像力は、かき立てられた。そしてH・G・ウェルズの『宇宙戦争』などの本を通じて、火星は、異星人の文明を宿すとほとんどの人々が考える異世界となったのである。

二〇世紀もなかばになると、天文学者は、望遠鏡による観測を通じて、火星には先進文明など存在しないと確信できるだけの証拠を蓄積していた。火星の大気は薄く、気温は低そうに思われた。それでも何らかの形態で生命が存在する可能性はあると見られていた。火星は周期的に、色がかなり変化するが、その変化が生物学的な要因に基づくと主張する者もいた。[40] マリナー4号が打ち上げられたとき、カール・セーガンは、火星には少なくともある種の植生、あるいは最低でも微生物を宿しているのではないかという期待を抱いていた。

しかし一九六五年七月一四日にマリナー4号が火星のそばを通過し二二枚の画像を送り返してきたとき、一般の人々のあいだでも、科学者のあいだでも、火星に宿る生命という夢は潰え去った。

夢を壊したのはクレーターだった。

マリナー4号は、火星に多数のクレーターを観察した。巨大なものもあった。地球上では、クレーターは長くは残存しない。火山の噴火によるものであろうが、隕石の落下によるものであろうが、地球上にできたクレーターのほとんどは、数百万年が経過するうちに消されていく。クレーターを拭い去るのは、風や水による風化プロセスである。火星にクレーターが存在することは、その表面が数十億年にわたって変わっていないことを意味する。マリナー4号が私たちに見せてくれたのは、空虚で乾燥した月によく似た火星の光景だったのだ。[41]

新たな画像を入手した『ニューヨーク・タイムズ』紙は、「火星の表面に運河を発見したと思い、火星には喧騒に満ちた都会と、活発な商業を営む住民が存在すると推測していた過去数十年の天文学者たちは、自分が抱く幻想の犠牲者だったのだ」という主旨の社説を掲載し、「赤い惑星はたった今生命のない世界であるばかりでなく、おそらくはつねにそうだったのだ」と結論づけた。[42]

最初は金星で、次は火星である。人類が送り出した最初の惑星間大使がなし遂げた主たる業績は、他の世界における生命の存在に対する私たちの夢に死を宣告したことだった。

幸いにも、火星はいつまでも死んではいなかった。一九七一年、マリナー9号は他の惑星の軌道に乗った最初の宇宙船になった。時速一万マイル［一万六〇〇〇キロメートル］でかすめ飛ぶのではなく、マリナー9号は赤い惑星の周回軌道に入ったのだ。そのような方法で火星に滞在することで、マリナー9号は、火星のストーリーがはるかに複雑で興味深いものであることを発見した。[43]

マリナー9号は、火星の表面の一部をマッピングするために建造された。しかし到達したときには、火星は惑星全体を覆う砂嵐に見舞われていた。地表はまったく見えなかった。しかしマリナー9号に搭載されていたソフトウェアには柔軟性があったので、NASAの技師たちは、砂嵐が収まるまでマッピング作業を延期することができた（同じ頃火星に到達したソ連の二台の探査機は、そのような柔軟性が組込まれていなかったために、有益なデータをほとんど送り返すことができなかった）。マリナー9号の作業は待たされたが、火星を包み込む砂塵は、空中の微粒子（つまり塵）が気候の形成に重要な役割を果たし得ることを示唆していた。[44] それから数年が経つうちに、この結びつきは、地上の政治家たちにとって、政治的なゲームの格好の材料になる。

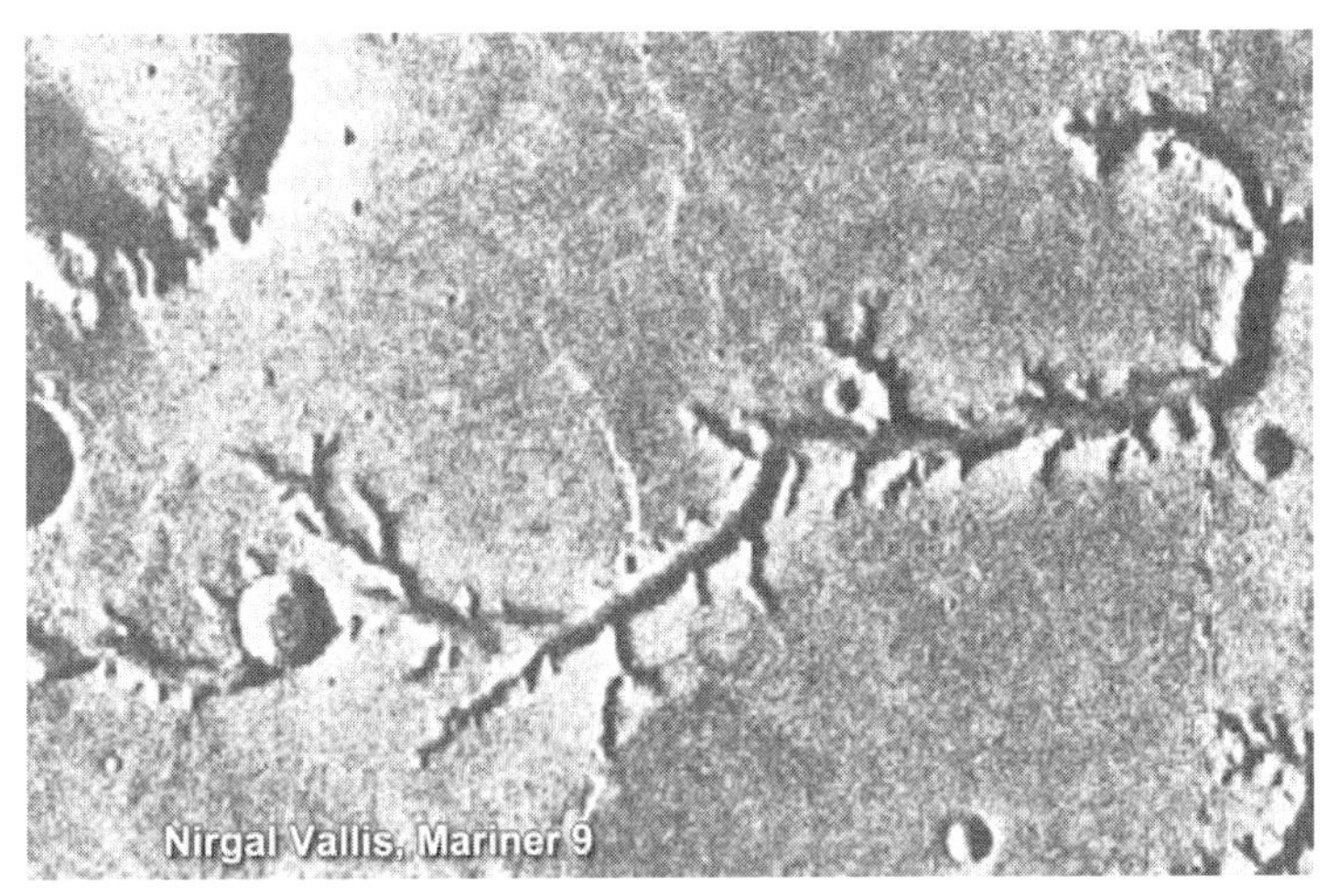

図7　1971年にマリナー9号によって撮影された、火星のニルガル峡谷の景観。このような画像は、火星の表面にはかつて水が流れていたことを示す最初の証拠になった。

やがて砂嵐は晴れ、マリナー9号は七〇〇〇枚以上の画像を送ってきた。これらの画像には、現在の火星が凍結しカラカラに乾いていたとしても、過去の火星は、それとは非常に異なる様相を呈していた可能性があることを示唆する最初のヒントを見出せた。かなめはもっぱら水にあった。

マリナー9号は、水の流れによって刻まれたのではないかと強く思わせる光景をとらえていた。乾燥した河床と広大なデルタが存在していた。また氾濫原や、降雨によるものと思われる盆地もあった。これらの地形がほんとうに水の奔流によって形成されたか否かの確認は、今後の探査を待つしかない。しかし、マリナー9号がただちに教えてくれたことは、「火星は過去、大きく変わった」という単純で深遠なものであった[45]。

マリナーはまた、地球の隣にあるより小さな惑星が、地球同様独自の惑星であることを明らかにした。火星は、地表からほぼ一四マイル

［二万二五三〇メートル］屹立する火山、オリンポス山を擁している。また火星には、深さがおよそ四マイル［六四三七メートル］、広さが北米ほどあるマリネリス峡谷もある。私たちが「グランド［キャニオン］」と呼んでいる、アリゾナ州のちっぽけな亀裂を宇宙の視点から眺めるよい機会になるだろう[46]。このように火星には、火山、峡谷、岩に覆われた高地、平らで広大な低地が存在することがわかった。つまり火星は、観光スポットになりそうな場所に恵まれた独自の世界だったのだ。そしてこれらの地形は、火星の気候の理解に向けて第一歩を踏み出すにあたって、重要な研究材料になった。

火星に生命が存在する可能性を復活させた次の大きな進歩は、一九七六年の夏に二台のバイキングランダーが、パラシュートと逆噴射を駆使して着陸したときに生じた。このときにも、カール・セーガンが重要な役割を果たしている。火星の土壌で微生物を探査する実験を考案したのだ。この生物学の実験はあいまいな結果を送ってきたが、バイキングランダーの気象ステーションは、史上初めて他の惑星での天候の観察を可能にした[47]。（ソルと呼ばれる）火星の一日ごと、バイキングランダーは、気温、気圧、風に関するデータを送り返してきた。こうして、一台のランダーが故障し、もう一台が誤ってシャットダウンされるまで、データは六年間送り続けられた[48]。バイキングを通じて、私たちの前に地球のいとことも言える他の世界の天候や気候を観察する道が開けたのである。

二〇〇〇年代における火星ローバーの登場とともに、NASAの火星プログラムのモットーは、「水を追え」になった。かつて火星に生命が存在していたことを証明するには、火星が生命をサポートするに足るほど温暖湿潤な時期があったことを、まず証明しなければならない[49]。だが地表の水の存在は、気候の問題と分けて考えることはできない。だからNASAは、水を追うことで、火星の気候と気候変動のストーリーを解明することに全力を傾けた。金星同様、赤い惑星は、私たちの世界を理解するための指針となったのである。

火星の偉大な気候マシン

ロバート・ハーバールは、火星の気候の専門家になるつもりはなかった。ベトナム戦争で従軍したあと、一九六八年に民間の仕事に戻り、「若さにあふれ世界を探索したくて」しばらくヨーロッパをぶらぶらしながら過ごした。やがてサンノゼ州立大学に入り、専攻を決めなければならなかった。彼は、私のインタビューに応じて当時を思い出し、「大学のカタログを見ていて、気象学（meteorology）という項目を見つけた。最初私は隕石（meteor）の研究だと思っていた。妻が私に、それは天候の研究だと教えてくれたんだ」と語ってくれた[50]。これは、赤い惑星の歴史を研究するための、世界でもっとも強力なツールの一つである、NASAの火星グローバル気候モデルの開発にやがて貢献する人物の経歴の出発点としては、およそ考えられないものだ。

このモデル自体の歴史は、開拓者のコンウェイ・レオビーとジム・ポラックが、地球を対象に開発された気候モデルを取り上げて、火星に応用しようと考えた一九六〇年代後半にさかのぼる[51]。ポラックは、カール・セーガンに師事した最初の大学院生の一人で、二人は数年間共同で研究していた。レオビーは気象多元論者で〔著者の説明によれば、彼は地球や火星のみならず、多くの惑星の大気を一つの現象として考えることができたということを意味する〕、地球のみならず大気を擁するあらゆる惑星に拡張可能な気候の研究を打ち立てようとしていた。

科学者にとって、「気候」という用語は天候の長期的なパターンを意味する。天候が日ごとに変わるのに対し（火曜日には晴れていても水曜日には雨が降るかもしれない）、気候は風、降雨、表層結氷、海流の長期的なパターンを指す。気候モデルを構築するためには、科学者はこれらのプロセスを支配している物理を示す方程式を解かねばならない。つまり気候「モデル」とは、実のところ数式を用いた物理モデルを意味し、非常に詳細かつ正確な数理物理学を用いた世界の記述だと言える。

建築家が紙やバルサやプラスチックを使って高層ビルのモデルを組み立てるように、科学者は、数式で表現された物理法則を用いて物理システムのモデルを構築する。数学は、たとえばガス機関のモデルなら燃料消費に関して、橋のモデルなら何台の車が安全に渡れるかに関して、またモデル化の対象が惑星の気候なら、気温、雲の形成などの長期的パターンに関して理解をもたらし予測を可能にする。

しかし気候モデルが有効であるためには、多数の「可変部」が必要とされる。それはさまざまな物理や化学、あるいはその他のプロセスを記述できなければならない。自転する惑星の大気の流れについて、あるいはいかに太陽光が地表付近の空気を暖め気体を上昇させるのかについて説明できなければならない。水蒸気や二酸化炭素などの気体が、冷やされると液体や氷へと凝縮されることについても説明する必要がある（それによってモデルは、雲の形成、降雨、積雪を追うことができる）。したがって正しい答えを得るためのモデル、つまり観測結果と一致するモデルを構築するには、何年もの厳しい努力が必要とされる。

またそれには、大気の流れ、凝縮、放熱などの結合作用を記述する多数の方程式が必要とされる。各方程式は、単独でも非常に複雑で、人間の知力を総動員することが求められるが、それらすべての複雑な方程式をまとめて同時に解くともなると、個人の能力のとうてい及ぶところではない。だから先に進むために科学者は、細かなステップを通じて毎秒何十億回と繰り返し方程式を解いていくデジタルコンピューターの力を借りなければならない。かくしてコンピューターは、方程式に生命を吹き込む。言い換えると、数学的な複雑性のなかに隠されている詳細に生命を与えるのだ。ハーバールらが構築したモデルは、まさにそれを実現し、火星の気候を科学者にとって生きたものにした。つまり科学者は、それを用いることで、複雑きわまる火星の気候を十全に観察することができるようになったのだ。さらに重要なことに、このモデルは、地球の気候と火星の気候の類似点と相違点の両方を検討できるようにした。

地球に似てはいるが地球ではない世界

ロバート・ハーバールは、「どんな惑星も、同一の基本的な力に服する」と述べる。「その力の強さのみが、惑星によって異なるのだ[52]」。今日の火星は地球とはまったく異なる凍結し乾燥した世界であるとしても、気候のメカニズムは地球のものと本質的に異なるわけではない。まず地球との違いから検討しよう。金星は地球に比べ大気の層が厚いが、火星は薄い。バイキングランダーや他の火星の天候ステーションが記録した表面気圧、すなわち火星における気体の毛布の総重量は、地球の一パーセント未満にすぎない。金星同様、火星の大気のほとんどは、二酸化炭素で構成されている。とはいえ、そもそも大気の層が非常に薄いので、火星は温室効果の影響を強く受けることがない。夜間はたいてい華氏マイナス一二八度［摂氏マイナス八九度］近くまで下がり、昼間でも最高でマイナス二四度［摂氏マイナス三一度］くらいまでしか上がらない[53]。火星はまさに、凍てついた世界だ。

また、火星は砂漠でもある。火星の大気に水分はほとんど存在しない（地球の大気の〇・〇一パーセントにすぎない）[54]。気圧があまりにも低いので、外気にさらされた水は数秒で沸騰し蒸発する。これは、高山で湯を沸かそうとしたときに見られる現象と同じだ（水は高温に達する前に蒸発し始める）。だから火星に存在する水は、気体（水蒸気）の形態をとるか、極地の氷に閉じ込められているかのいずれかである。しかし氷として、もしくは場合によっては液体として多量の水が地下に埋没している可能性がある。

そのようなわけで、火星を訪問した人の宇宙服に何らかの異常が生じたら、その箇所に応じて、その人は窒息または低体温症のどちらかが原因で、すぐに死ぬだろう。だが、地球と比べてこれだけの相違点があるにもかかわらず、火星の気候のしくみは、私たちがよく知るあり方で働くのである。

あなたは、一五世紀のポルトガルの水夫だったとしよう。貿易相手の西アフリカからポルトガルに帰国する途中だ。当時の帆船で直接北に向かおうとすれば、嵐や、遅々として前に進めない変わりやすい風に遭遇するだろう。だが大胆にも大西洋の大海原に深く乗り出し、ポルトガルから離れるようにして西に向かうと、意外にもあなたにとって非常に嬉しい結果が待っているだろう。というのも、西に向かって十分に航行すると、あなたを東北の方向に運んでくれる、まことに都合のよい安定した風に遭遇するはずだからである。その風に乗れば、あなたはまもなくポルトガルに帰れるだろう。この風は、貿易風と呼ばれている[55]。

ヨーロッパの水夫が貿易風を発見してから二〇〇年くらい経過した頃、イギリスの法律家で博物学者のジョージ・ハドレーは、太陽熱と地球の自転によって引き起こされた空気の巨大な川として貿易風を説明した。彼は、熱帯の暖められた空気がつねに上昇し、極地の冷たい空気がつねに沈むことに気づいていた。熱帯と極地に挟まれた地域の空気は、その差を埋めねばならず、それによって赤道から極地へ向けての巨大な大気の循環パターンが引き起こされる[56]。

仮に地球が自転していなかったとすると、話は上下、南北の空気の移動で終わる。だが赤道から極地に向かう大気のコンベアベルトは、コリオリの力と呼ばれる力によって曲げられ、東西の流れがつけ加えられる。この力は地球の自転に起因する。北大西洋における大気の大循環は、それによって生じた空気の巨大な川の一つである。ちなみに南半球では、北半球とは鏡像をなすパターンの貿易風が生じる（コリオリの力は赤道を境に方向を転じるので、東西の向きが逆になる）。地球には、このような大気の巨大な循環が合計して六つあり、そのうちでもっとも強いものは、ハドレー循環と呼ばれ、赤道付近を流れている。

火星も地球と同様、自転している。火星の一日は二四・七時間から成り、地球の一日に非常に近い[57]。物理法則は誰がどこに住んでいるのかにはおかまいなしに作用するので、火星と地球の自転が類似するという事実は、火星でもハドレー循環が生じることを意味する。ハーバールは、「それは、火星のすぐれた気候モデルから最初に得られる結果の一つだ」と述べている。「火星の赤道から極地へ、そして極地から赤道へと向かう大きな循環パターンが見られる[58]」

ハドレー循環だけが地球のものと類似する火星の気候パターンなのではない。「火星にはジェット気流もある」とハーバールは言う。ジェット気流とは、地球の大気の高層に存在する、空気の高速の流れを指す。「ジェット気流は、自転し大気を持つあらゆる惑星に存在する」。そして地球同様、他の惑星のジェット気流も曲がったり逸れたりする。大気を研究している科学者は、このような大気の流れのパターンを「ロスビー波」と呼ぶ。ちなみにそれは、二〇一四年の冬にアメリカ東海岸に記録的な寒気をもたらした、恐るべき「極渦（きょくか）」の原因でもあった。[59]

ここでは細かな専門知識は脇に置くとして、ハドレー循環もジェット気流もロスビー波も、「気候の物理は普遍的である」という非常に深遠かつ重要な事実を教えてくれる。地球、火星、金星、さらには一〇〇光年の彼方にある系外惑星でさえ、同じ規則に従っているのだ。さらに重要な点を指摘しておくと、私たちは、一つではなく複数の惑星で作用しているところを観察できるようになったからこそ、このルールを理解するようになったのである。

居住可能な世界、持続可能な世界

現在の火星の天候を知りたければ、そのためのアプリがある。[60] 二〇一二年に火星に着陸したキュリオシティ・ローバーは気象ステーションを搭載しており、地球に現在の火星の状況を送っている。専用のアプリを一日中追っていれば、気温が極端から極端へと、地球では考えられない範囲で上下するところを観察できるだろう。また地球では観測されないような気圧の極端な変化も確認できるはずだ。

いかなる日にも、火星の表面にのしかかってくる大気の量は、一〇パーセントまで変化し得る。これはほとんど、朝はロサンゼルスにいて、数時間後にはそれより一マイル［一六〇〇メートル］ほど標高が高く空気の薄いデンバーに行き、夕方には平地に戻ってくるのに等しい。本書のストーリーに即して重要なことは、この劇的な気圧の変化が、火星の気候モデルによってとらえられているという点である。火星には空気がほとんどないので、太陽が地表を暖め、かくして温度が上がった空気が上昇すると、火星の大気全体が再調整され、圧力波が惑星の一方の側から他方の側へと伝わる。あらゆる気候モデルがこの再調整を突き止めており、毎日の気圧の変化をとらえている。つまりそれらの気候モデルは、正しい答えをはじき出したということだ。[61] 地球にしばられた私たちが行なう気候に関する議論にとっては、それだけでも重要である。私たちは、他の惑星でも気候の変化を予測できるほど十分に気候を理解するようになったのだから。

のみならず、火星の気候を理解できるようになったことで、火星が私たちに教えてくれるもっとも重要な事実を、はっきりと見て取ることできるようになった。気候変動と、それにともなう居住可能性の変化だ。

惑星に生命が宿る可能性を意味する居住可能性という概念は、直感的に考える宇宙生物学者にとってカギになる。ドレイクの方程式では、居住可能性は、惑星表面における液体の水の存在として形式的に定義されている。

人類が火星に送ったロボットは、火星の表面にかつて液体の水が存在していた決定的な証拠を提示している。それには鉱物学に由来する地質的な証拠もある。オポチュニティの直前に立つ露出した岩盤は、スティーブン・スクワイヤーズを喜ばせただけでなく、小さな球形の小石が存在することを明らかにした。彼らはそれを「ブルーベリー」と名づけた。ローバーの多関節アームの先端に埋め込まれた機器によって、彼らは、それが液体の水が存在しない限り形成されない鉱物、赤鉄鉱であることを知った。[62]

湿った火星を示唆する証拠のなかには、もっと直接的なものもある。ブルーベリーの発見から七年後、キュリオシティローバーは、深く速い水の流れによってしか形成し得ないいくつかの特徴が岩に刻まれているのを発見した。キュリオシティを運用する科学者たちは、およそ腰の深さの毎秒三フィート［九一センチメートル］の奔流として、流れの特徴を見積もることさえできた。[63]

つまり、かつては火星の表面に液体の水が存在していたのである。しかしそのことは、かつて火星には、その水が宇宙空間へと蒸発してしまわないようにする、現在よりはるかに厚い大気が存在していたことを意味する。また、火星の表面を水が奔流となって流れていたのなら、その厚い大気は、気温が氷点を超えるほど火星を暖めていたはずである。これらを総合すると、どうやら赤い惑星は、少なくともしばらくは青かったらしい。

科学者は、火星の気候の歴史におけるこの温暖湿潤な時期を、ノアの大洪水のストーリーにちなんでノアキアンと呼ぶ。最善の見積もりでは、この気候は四〇億年前から三五億年前にかけて生じたと考えられている。[64] 火星の水に何が生じたのかをめぐっては大きな問いが残されているが、それに答えるためには、生身の地質学者を赤い惑星に送れるようになるまで待たねばならないだろう。

しかしその答えを待つとしても、火星における劇的な気候変動に関する知識は、人新世に対する必要不可欠な宇宙生物学的視点を与えてくれる。火星は私たちに、居住可能性が永続するわけではないことを教えてくれる（「居住可能性」は宇宙生物学のなかでもっとも重要な概念である）。惑星は、居住可能な状態を変え得るのだ。完全に失うことさえある。

人新世への突入を憂えるとき、私たちは本質的に人類文明の持続可能性を懸念している。だが、持続可能性には、居住可能性という特殊なケース以外の意味はあるのだろうか？　私たちが人新世について語るときに念頭にあるのは、エネルギーを大量に消費し、世界の各地域が相互に依存し合い、先進テクノロジーが発達した文明という、特殊な条件のもとで、地球が「居住可能」であり得るのかどうかである。現代は気候区分では完新世と呼ばれる時代に属しているが、この時代は、そのような文明プロジェクトには非常に適している。

火星は私たちに、居住可能性が動く標的であり得ることを教えてくれる。同じことは、人新世の持続可能性についても当てはまるだろう。惑星は変化する。これが、火星とその歴史が私たちに教えてくれる教訓なのだ。しかし、太陽系の他の世界が私たちに教えてくれることは、それに限られるわけではない。

注目すべき旅

一九八二年六月一二日、セントラルパークは人々であふれかえっていた。ザ・グレート・ローンや五番街にまで人々がこぼれ出し、この公園はその一五〇年の歴史を通じてかつてなかったほど大勢の人々で満ちあふれていた。『ニューヨーク・タイムズ』紙は、そこには「平和主義者、アナーキスト、子どもたち、仏僧、カトリック司教、共産党のリーダー、大学生、組合のメンバーがいた」と報告している。代表団がバーモント州やモンタナ州、あるいはバングラデシュやザンビアからやって来た。「微笑みを絶やさず、手をたたきながら公園に向かって歩くデモ隊の長い行列が、五番街に沿って三マイル［四・八キロメートル］も続いている」。同紙によれば、「それはアメリカの歴史のなかで、最大の政治的なデモであった」[65]。それらの代表団やデモ隊、あるいはその他の人々は皆、一つの目的を持っていた。世界を救うことだ。

一九八〇年代前半には、ドレイクの方程式の最終項で、がぜん大きな意味を帯びてきた核戦争の影は、ますます長く、そして暗さを増して伸びてきた。ドナルド・レーガンの大統領就任、そしてソ連が再び攻撃的な姿勢を取り始めたことで、世界はまたぞろ全面核戦争の危機にさらされ始めたと思われた。一九八二年には、二つの超大国は、五万発以上の核兵器を保有していた。[66] ニューヨークでは、「核の凍結」、すなわち核兵器の増強の終結と、その削減を求める大規模な集会(ラリー)が催された。しかしアメリカ政府もソ連政府も、それに耳を傾けようとはしなかった。

それに対し、新しい形態の平和運動が起こった。それは、一九六〇年代の冷戦の戦士たちが対処しなければならなかった運動より大規模で広範なものであった。セントラルパークでのラリーは、核の凍結運動が政治の舞台に乗せられたことを示すできごとであったが、人類が直面する核のジレンマのとらえ方は、フランク・ドレイクがドレイクの方程式の最終項を定式化した、それより二〇年前の冷戦時代とは著しく異なっていた。そしてこの変化は、この大規模なラリーが行なわれた一年後に、ある科学者グループが核戦争の用語を変える研究を発表したときに明らかになった。

その論文は、「核の冬——複数の核爆発の世界への影響」と題されていた。カール・セーガンとジェームズ・ポラックを含む論文の著者たちは、TTAPSと略称されている（Richard P. Turco, Owen Toon, Thomas. P. Ackerman, Pollack, Sagan）。TTAPSの議論は、「中規模の核攻撃の応酬でさえ、無数の箇所で火災を発生させるため、大気に舞い上がった煤は地球を冷やすに十分なものになる。それによって農業生産は停滞し、世界は飢饉や混乱に陥るだろう」という単純なものであり、また、この研究から得られる教訓も単純で、「ほぼいかなる核攻撃の応酬も、地球を危険な方向に変え得る」「核兵器は決して使用してはならない」というものである。[67]

その頃には、カール・セーガンはベストセラーとTV番組への出演で有名人になっていた。『パレード』誌に掲載した長文の記事は、とりわけTTAPSの研究に焦点を置いていた。[68]

レーガン政権は核の冬の科学を公式に否定したが、大多数の科学者は真剣にとらえた。その時点から、もうあと戻りはできなくなった。「核の冬」という用語は世界中に流布し、人々の想像力に訴えた。それから何年かが経過すると、ソ連とアメリカの当局者は、核の冬のドゥームズデイシナリオをいかに役立てれば、二つの超大国が交渉の席に着くのかについてオープンに議論するようになった。[69]

核の冬のシナリオが政治の領域に引き入れられたことは、二つの点で注目に値する。一つは、それが気候モデルに基づいて得られた結果である点だ。ポラック、セーガンらは、地球全体の大気の流れを支配する物理法則を表す数式を用いて、地球の至るところで生じる火災によって空中に舞い上がる微粒子の振る舞いを追った。こうして史上初めて、惑星の気候モデルが、国際的な政治的議論の枠組みを形作ったのである。しかし、本書の文脈でより重要なのは、核の冬の主たる議論が火星のデータに基いて行なわれたという二点目である。

最初にマリナー9号によって詳細に観察された火星全体を包む砂嵐は、核の冬の研究者たちに重要なデータをもたらした。大気の高層に舞い上がった微粒子の振る舞いに関する記述は、火星に送った探査機からのデータがなければ単なる理論にすぎなかった。火星探査機が供給するデータによって、火星の気候モデルは、太陽光と赤外線放射がいかに塵埃と相互作用するのかに関して新たな理解をもたらした物理的原理を含むよう拡張された。かくして宇宙探査機と気候モデルは、火星の大気に対する塵埃の強力な効果を明らかにしたのだ。そしてさらに、この理解は、核戦争の結果、地球全域で生じる火災が大気にもたらす効果の理解へと適用された。このようにＴＴＡＰＳ論文は、核の冬の物理学を検証するための基盤として、火星のデータを意図的に活用していた。

ＴＴＡＰＳと核の冬をめぐる歴史は、当時すでに、地球とは異なる世界から得られた知識が、地球の未来をめぐる議論に影響を及ぼしていたことを示している。それから三〇年が経ち、気候変動について盛んに議論されるようになった今日、私たちは、気候に関する理解が、他の惑星に関する「地についた(wheels-on-the-ground)」〔ローバーに言及していると思われる〕研究から得られた知見に深く根差しているという点を認識しておくべきである。気候科学(とそれによって提起されたモデル)に対して疑惑の種をまこうとする気候変動否定論者の必死の試みは、これまで五〇年間行なわれてきた宇宙の旅が私たちに教えてきたことを故意に無視している。私たちは、惑星が変化するあり方を教えてくれる複数の世界と、それにまつわるストーリーを持っているにもかかわらず。

私たち人類は、人間が持つ発明の才の最高の成果を金星と火星に送った。そののち、人類を代理するロボット大使が、火星より外側の世界、木星と土星(と海洋を擁するそれらの衛星)に到達した。二〇一六年までには、太陽系のあらゆる惑星、ならびに太陽系に存在するあらゆるタイプの天体に、少なくとも一度は探査機が到達していた。私たちは、小惑星にも彗星にも準惑星にもすでに「触れた」ことがあり、それらすべてから学んできたのである。

これらの注目すべき旅を実行するにあたって、私たちは単に自分の好奇心を満たしたり、他国を出し抜いて得意になったりしていたのではない。当時は理解されていなかったのかもしれないが、他の惑星へのミッションは、今日依然として予見することのできない人類の運命に関する決定的な判断を下すために必要になる概念的なツールを与えてくれたのだ。

金星に送ったロボット探査機から送り返されてきたデータがなければ、現在のように十分に温室効果について理解することはできなかっただろう。また、火星の表面を移動するローバーが存在しなければ、現在私たちが理解しているような気候モデルのプロセスを知ることはなかっただろう。木星や土星などの太陽系の他の世界が持つ大気は、おのおの独自の教訓を与えてくれた。つまり宇宙空間を数十億マイル旅したあと、私たちは地球と人類の苦境を高解像度で目のあたりにする結果になったのである。

第3章　地球の仮面

空気の教訓

あなたはタイムトラベラーになって、二七億年前の地球を訪問したとしよう。この若かりし頃の地球に降り立った瞬間、あなたはいったい何を経験するだろうか？　その答えは非常に単純だ。

あなたは死ぬ。

もっと具体的に言えば、窒息死する。地球の歴史における最初のおよそ二〇億年間、生命はすでに長らく存在していたにもかかわらず、大気にはごくわずかな酸素しか含まれていなかった。地球の歴史の半分近くの期間、「空気」はほぼ完全に窒素と二酸化炭素で構成されていた。[1]しかし今日では、地球の大気は、ほぼ完全に窒素と酸素で構成され、二酸化炭素の含有率はわずかでしかない。かくも大きな変化が、いかにして起こったのか？

酸素の含有率の上昇という地球の歴史における非常に重要なできごとの詳細は、今日の私たちにとって一つの教訓になる。数十億年前に全地球的(グローバル)な規模で大気の組成を変えたのは、生命であった。それによって、その後の地球の歴史も変わり、やがて人類や人類の文明プロジェクトの誕生に至る。今また生命は、人類文明という形態で、再び地球の大気と進化の複雑な装置を変えようとしている。数十億年前の大気の組成の変化と、現代の気候変動を比較することは、「地球の仮面(マスク)」に関する注目すべきストーリーを解き明かすための第一歩になる。このストーリーは、ほとんど誰も気づいていない真実を語ってくれる。

私たちの世界は、さまざまなバージョンの地球を経てきた。

過去バージョンの地球は、今日私たちが知っている、雲が点在する青緑色の世界とは著しく異なる。各バージョンは、私たちの世界を形成、再形成してきた惑星の力が作用した結果成立したのであり、それらは合わせて、人類と人類の文明プロジェクトが、長い長いストーリーの一部であるという事実を明らかにしている。生命が地球を変えるという点では、人類は唯一でもなければ例外的でもない。だから過去の地球に関する本質的に宇宙生物学的なストーリーは、私たちにとって非常に重要なのである。過去の地球を知ることは、新たなストーリー、つまり私たちを近未来の地球の一部としてとらえるストーリーをつむぎ出すための語彙を手にすることでもある。

キャンプセンチュリー

ポールキャットは、極地の厳しい気象条件のもとで運用する目的で設計された、ミニバスサイズのキャタピラー車だ。この車両は、平坦でない土地でも安定を保てるよう幅広の車体を持ち、氷上、雪上、さらには氷河の急峻な斜面でも人員や積み荷を運べるよう強力なディーゼルエンジンを搭載している。(2)

一九六〇年一〇月一六日、若いゾーレン・グレガーセンが、搭乗しているポールキャットの窓から外を見やると、目には氷河の壁面しか映らなかった。デンマーク出身の一七歳のボーイスカウトであったグレガーセンは、その数時間前に、微笑む米軍兵士の手でポールキャットに押し込められていた。その二日前には、グリーンランドの西海岸にあるチューレ米空軍基地に降り立ち、軍から支給された耐寒装備を身につけていた。彼は、ポールキャットが、氷河に刻まれた坂道「ランプ」を走行し始めたとき、目を丸くしながらその光景を眺めていた。そのとき彼は、そこから一五〇マイル［二四一キロメートル］先にある、地球上でもっとも居住に適さない場所の一つに赴こうとしていたのである。[3]

ポールキャットの操縦室で揺られながら、グレガーセンは興奮と恐怖が入り混じった感覚を覚えていた。準備万端整え、希望を抱きながら出発したこの旅は、彼にとって現実のできごととして今まさに眼前に迫っていたのだ。彼が向かっていたその施設とは、アメリカ人が氷の下に築いた都市キャンプセンチュリーであった。

ジャック・ジェームズがマリナー探査機を金星に向けて打ち上げ、フランク・ドレイクが電波望遠鏡を使って地球外文明を探査していた頃、アメリカ陸軍はそれとは別種の境界を敢然と越えようとしていた。ボーイスカウトのゾーレン・グレガーセンが向かっていた境界は、世界の頂上に横たわっていた。

グリーンランドは、面積七〇万平方マイル［一八一万平方キロメートル］の氷河が海抜一・五マイル［二・四キロメートル］ほど隆起した巨大な氷の厚板である。[4]巨大な氷の台地の中心付近の気温は、火星のように華氏マイナス七〇度［摂氏マイナス五七度］まで下がることがよくある。また、不毛な雪原の上を時速一二五マイル［二〇一キロメートル］の風が日常的に吹き荒れている。[5]それにもかかわらず、一九五九年にアメリカ政府は、グリーンランドの何もない凍土の真ん中に軍事基地と科学研究施設を建設したのである。

かくして冷戦の論理は、アメリカ政府にキャンプセンチュリーという名のおよそあり得ない計画を推進させた。基地は、氷床に掘られた二一の壕から成り、そのおのおのが、幅と深さはそれぞれ二六フィート〔七・九メートル〕、長さは最大でフットボール競技場三つ分の大きさを持ち、固めた雪で鋼鉄のアーチを覆った天井を備えていた。氷河を横切って牽引されてきたプレハブの建物が各壕に設置され、キャンプセンチュリーに詰めている二〇〇人の軍人や科学者のためのバラックとして利用された。

図8 キャンプセンチュリーの氷のトンネルの内部に敷設されたバラック。

陸軍は、基地に電力を供給するために必要な五〇〇万ドルのポータブル原子炉を、氷床を横切って牽引してきた[6]。このようにキャンプセンチュリーは、その建設に空前絶後の努力を要したが、それに見合った画期的な業績を残すことができた。

気候科学について何も知らない人々が、とんでもない主張をして大きな無知をさらす今日では、気候科学の誕生にあたってとらねばならなかったリスクを思い出すことはとても重要だ。キャンプセンチュリーに詰めていた兵士や科学者は世界の果てで暮らしていたのであり、彼らの仕事には多大な危険がともなっていた。輸送機や搭乗員は、他のほとんどの地域では見られないような、極端に厳しい気候と戦わねばならなかった。一九六一年の夏には、基地の外でヘリコプターが墜落し、乗っていた六人全員が死亡している[7]。それにもかかわらず、米軍兵士、将校、科学者、さらにはボーイスカウトのゾーレン・

グレガーセンでさえ、任務を達成するために氷河に覆われたグリーンランドの荒地に赴いたのだ。私は、地球物理学の教授職をすでに引退していたグレガーセンと話したことがある。そのとき彼は、昔を回想して「あれは自分の人生で経験した、もっともエキサイティングなできごとだった。その経験があったからこそ、私は科学の道を歩むことにしたんだ」と語ってくれた。

キャンプセンチュリーは、アメリカとデンマークが共同で運営していた（グリーンランドはデンマーク領）。極地での任務の宣伝を目的として、両国のボーイスカウトは、「ジュニア科学支援者」を選抜するための競技会を開催した。そして一九五九年後半、グレガーセンとアメリカ人のボーイスカウト、ケント・ゲーリングが、五か月間氷の世界で過ごす権利を、それぞれの母国で勝ち取ったのだ。

グレガーセンは次のように述べる。「私たちは米軍兵士と一緒に暮らしていた。毎日、基地を維持するために必要な仕事を割り当てられた。トンネル内で伸びていくツララを払ったり、氷床の奥深くに設けられた巨大な水槽からポンプで真水を汲み上げたりしたんだ。私はそういった仕事のすべてが好きだった。とてもスリリングだったからね」

しかし若き日のグレガーセンにもっとも強い印象を与えたのは、科学だった。アメリカ陸軍がキャンプセンチュリーを建設した理由は、あまたある。氷の内部に核ミサイルを貯蔵する案が検討されていた（氷河はつねに移動しているので、その案は立ち消えになった）[8]。ソ連を監視し続ける必要もあった。グレガーセンは、チューレ米空軍基地で、巨大なレーダーが北を向いて並んでいる様子を見たことを今でも覚えている。しかし軍は、とりわけ気候に関心を抱いていた。そもそも戦争の歴史は、天候によって戦闘の帰趨が決まった例に満ちている。冷戦によって宇宙開発に予算が割り当てられるようになったのと同じように、軍は、地球の気候とその歴史に関心を抱くようになったのである。かくして気候科学に資金が投じられるようになり、科学者や若き日のゾーレン・グレガーセンは、その資金に依拠して地球上でもっとも隔絶した地であるキャンプセンチュリーにやって来たのだ。

キャンプセンチュリーの科学者たちは、何世紀にもわたって降り積もった雪を掘って作った部屋に、油井で見られるような採掘用やぐら（デリック）を設置した。彼らの目的は、ほぼ一マイル［一・六キロメートル］に達する氷床と、数千年の地球の歴史を掘り下げることにあった。[9]「実験室で氷床に穴をあける試みを見て、私はとても強い印象を受けた。彼らがやろうとしていたのは、過去に積もった雪を用いて地球の歴史を再発見することだった。当時の私はただ驚嘆するしかなかった」と、グレガーセンは述懐する。

世界に関する新たな見方は通常、世界を見るための新たな方法を発見したときに得られる。科学の世界では、新たなタイプのデータを取得する能力は、実のところ新たな見方の獲得を可能にし、既存の理解を改訂し更新する機会を与えてくれる。ジャック・ジェームズのマリナー探査機による金星のデータ、カール・セーガンが得た火星の塵埃に関するデータ、フランク・ドレイクが勤めていたグリーンバンク天文台の電波望遠鏡によってとらえられたデータはすべて、天文学や惑星科学における既存の理解を書き換えた。第二次世界大戦が終わってから数十年のあいだに、地球に関する私たちの理解は、過去の世代の研究者たちには利用できなかった新たなデータに基づいて再構成された。キャンプセンチュリーは、そのような変化のストーリーの重要な一章を構成している。

一九六〇年の時点では、氷河期はまだ謎に包まれていた。それについて科学者が確実に言えたことは、「それは確かに起こった」くらいだった。最近の数百万年にわたって、マイル単位の厚さを有する氷の板が、北半球の大きな部分を覆っていた。そして少なくとも四度、氷の板は南下し、それから退いていった。[10]各氷河期は、寒冷で乾いた気候をもたらした。大量の水が氷に閉じ込められたために、海面水位はほぼ四〇〇フィート［一二二メートル］下がった（これは四〇階建てのビルの高さに相当する）。間氷期になると、地球は温暖湿潤な気候によって一休みすることができた。[11]

最終氷河期は、ほぼ一〇万年間続いた。人類の文明プロジェクトは、最後までぐずぐずしていた氷河が退いてからようやく誕生する。農耕、都市、文字、機械の発明の歴史は、現在まで一万年間続いてきた間氷期である完新世の枠内に完全に収まる。[12]科学者は完新世に至るまでの一連の基本的なできごとについて知ってはいるが、気候がいかにしてある状態から別の状態に移行するのかに関しては、彼らのあいだでも詳細には知られていなかった。そもそも、変化を細かく追うためのデータを持っていなかった。だから彼らが必要としていたものとは、氷河が最後に隆盛を極めていた時期までさかのぼり、年単位で地球の気温の変化を追跡できる手段だったのだ。米陸軍寒冷地研究・技術研究所が主導するキャンプセンチュリーでの掘削は、まさにその記録を科学者に提供したのである。

この作業は、デンマークの科学者ウィリ・ダンスガードとアメリカの地球物理学者チェスター・ラングウェイに率いられていた。グリーンランドを覆う一マイルの厚さの氷の板は、毎年降り積もった雪が層をなして固められることで維持されている。いわば数千年にわたって築かれてきた氷の層によって、一種の凍結したレイヤーケーキが形成されているのだ。そして各層には温度計の代わりになる化学物質のマーカーが含まれ、それによって各年の気候の記録を割り出すことができる。だから科学者はそれを用いて、数千年前にまでさかのぼる、グリーンランドの気温の精密な記録を採取することができるのである。[13]

六年間困難な作業を続けたあと、ダンスガード、ラングウェイ、そして彼らが率いるキャンプセンチュリーのチームは、氷床の表面から四〇〇〇フィート［一二二〇メートル］以上掘り下げて岩盤に達した。この採掘で回収された「氷床コア（アイス）」データをひとたび気温データに変換すると、ダンスガードらは、最終氷河期以来の気温の推移を確認することができるようになった。現在から逆に見ていくと、過去八〇〇〇年間はほぼ気温が安定していたことがわかった。この期間は、人類文明が誕生し繁栄を極めるようになった完新世にあたる。さらに過去にさかのぼると、一万年以上前に温暖な気候に恵まれた時期から氷に閉ざされた氷河期（更新世）への移行が生じていることがわかった。[14]

キャンプセンチュリーのデータは、最終氷河期から現在の温暖な間氷期へのスムーズな移行とともに、目を見張るような一連の短期間の変動を示していた。この発見はやがて、未来の気候に関して暗い影を投じるようになる。ヤンガードライアス期と呼ばれる、今から一万二〇〇〇年前頃の期間に、地球は温暖な状態から冷蔵庫のなかのような状態へと戻ったらしいことがわかったのだ。これは驚くべき発見であった。たった数十年のあいだに、地球の平均気温が、華氏五度［摂氏二・二度］ほど下がり、最高では二七度［摂氏一五度］下がった地域もあった。[15] 現代においてそれに匹敵する劇的な気温の変化が地球規模で起こったら、人類の文明プロジェクトが、その危機を無事に切り抜けられるとはとても思えない。

グリーンランドと南極大陸でのちに行なわれた掘削によって得られたデータは、キャンプセンチュリーの研究の正しさを裏づけている。南極で調査をしていたあるアメリカ人研究者の回想によれば、アイスコアを一目見ただけで、気候変動の速さが明らかにわかり、一瞬で真実を知ったとのことだ。この研

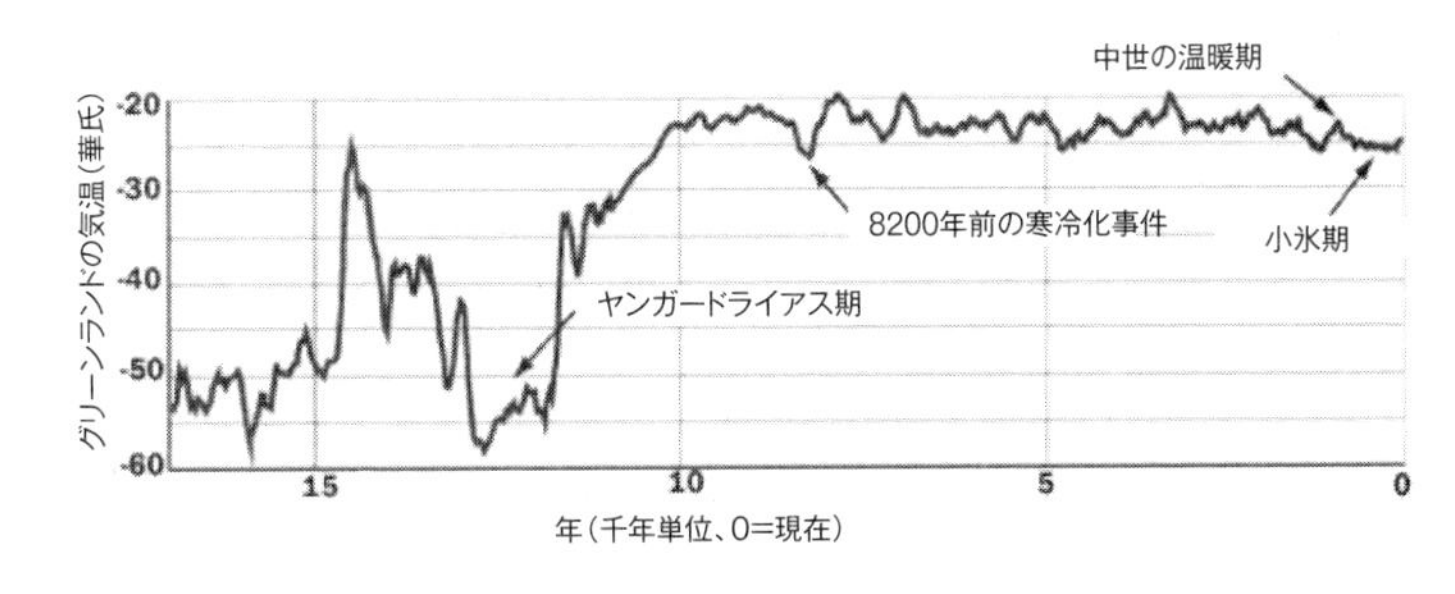

図9 氷床コアの記録に基づくグリーンランドの気温の変化の歴史。

究者は、アイスコアの濃淡が、たった数インチ〔一インチは二・五四センチメートル〕の違いで明るいものから暗いものに変わっているのを見て、地球の気候が突然大規模に変化したことを直感的に悟ったのである。

急激な気候変動がかつて起こったという認識は、研究者たちに警告を与えた。ただしその頃の研究者は、まだその重要性を理解できていなかった。当時、「人為的な」気候変動という概念は、専門家の集まる会議で、抽象的な言葉を用いてその可能性が議論されていただけだった。人類が自らの手で、一万二〇〇〇年前に起こったものに似た急激な気候変動を引き起こそうとしていると結論づける人は、ほとんど誰もいなかったのだ。

どの地球？

地球上で何が起こっていようが、ウィリアム・アンダースには関係がなかった。なぜなら、彼は宇宙船に乗っていたからだ。一九六八年のクリスマスイブ、彼が生まれた惑星から二〇万マイル〔三二万キロメートル〕離れた地点で、アンダースと、アポロ8号に乗船していた同僚のフランク・ボーマン、ジェームズ・ローウェルは、月を周回す

図 10 一九六八年にアポロ８号によるミッションの最中にウィリアム・アンダースが撮影し、一種のアイコンになった「地球の出」の写真。

る初めての人類になった。

アンダースは、アポロの指令室の小さな窓を通して見える光景に驚嘆し、ボーマンとローウェルに向かって「オー、マイ、ゴッド」と叫んだ。そして月の地平線の彼方を眺めながら、「地球がのぼってくる。何と美しい！」と言った。

アンダースがカラーフィルムを所望すると、ボーマンは「撮ってはならん。スケジュールにない」とジョークを飛ばした。カメラにフィルムを装てんしたアンダースは、眼前に広がる光景の重要性に一瞬思いを馳せてから、やがて世界を変えることになる地球のイメージを撮影した[16]。
このときアンダースが撮った、「地球の出（アースライズ）」と呼ばれる、灰色の月面風景の上に浮かぶ青い地球の写真は、一種のアイコンになった。『ライフ』誌は、人類史上、もっとも大きな影響を及ぼした一〇〇のイメージのうちの一つとして、この画像をあげている[17]。それ以来、宇宙から撮影した青い海、渦巻く白い雲、緑と茶色の大陸の写真は、私たちのあいだでよく知られている。しかしこの人気は、キャンプセンチュリーの頃から明確になりつつあった、「私たちが知っている現在の地球は、過去の地球とは異なる」という際立った事実によって割り引かれざるを得なかった。一億年前、五億年前、あるいは三〇億年前の地球を訪れることができたら、アンダースが撮った写真とは著しく異なる惑星を目撃することになるだろう。

地質学者や古生物学者は、一九世紀から続けられてきた徹底的な調査を通じて、地球の歴史を再構築してきた。しかしここ半世紀になって初めて、この惑星の変化の詳細まで掘り下げることができるようになった。地球の歴史には、気候と生命に関してもっとも重要な移行が生じた、四つの長い時代（イーオン）がある。ちなみにイーオンと呼ばれる期間は、「代（era）」に、また「代」は「紀（period）」や「世（epoch）」に分けられる。キャンプセンチュリーのアイスコアによって移行が明らかにされた更新世や完新世は、「世」として分類された例である[18]。

地球の歴史は、宇宙空間に散らばるガスや塵から成る名前のない雲によって始まる。五〇億年ほど前、このゆっくりと自転する、差し渡し一光年に近い雲は、自重で崩壊した。こうして落下していく物体のかたまりの中心に太陽が形成され、この若い星の周りに激しく自転する円盤が現われる。円盤の内部では、塵の粒子が衝突を繰り返し、浮遊する小石が形成される。小石は、互いに衝突して岩の大きさの物体になる。岩は互いに衝突することで丸い大きな石に、丸い大きな石はさらに大きな石になり、やがて小惑星（アステロイド）の大きさの微惑星が形成される。それから一〇〇〇万年から一億年が経過したあと、重力によって複数の微惑星が引き寄せられ、地球や他の固体惑星（水星、金星、火星）へと合体したのである。[19]

こうして、地球の最初のイーオンである冥王代が始まる。四六億年前から四〇億年前にかけて続いたこのイーオンの名称「冥王代（Hadean）」は、地球が地獄のような状態にあったことを示している。冥王代初期の地球は、全体が溶岩の海で覆われていた。やがてマグマの海は温度が下がり、固体表面を形成し始めた。しかし小惑星や彗星が地球に降り注ぎ続け、そのうち、太陽系が惑星の形成によってできた残滓を取り除こうとしていた後期重爆撃期と呼ばれる紀に至る。黙示録さながらの衝突が起こるたびに、地表は破壊され、その一部もしくはすべてが溶岩の状態に戻された。爆撃によって生じたガスとマグマの海は、冥王代の地球をほとんどが窒素と二酸化炭素で構成される大気で包んだ。[20]

このように、かつて地球は溶岩の海に覆われた火の世界だったことがある。

最初の生命形態は、冥王代の終わり頃に出現したのかもしれない。しかし繰り返される小惑星の爆撃は、世界を不毛の地に戻し、生命が誕生しては消え誕生しては消えるよう強いたのだろう。[21]とはいえ次のイーオンである始生代が始まる頃には、今日私たちが知っているような生命が誕生していた。始生代は四〇億年前から二五億年前まで続く。この長大な期間に、ＤＮＡと呼ばれる自己複製する分子の生物化学に依拠する生命が、地球全体に広がっていったのだ。しかし始生代においては、あらゆる生命は海洋に生息する、ごく単純な単細胞生物であった。生命の誕生が海洋に限定されていた理由は単純で、地球のほとんどが海洋で覆われていたからである。[22]

現在では地表のおよそ三〇パーセントを占める大陸も、始生代においてはまだ「成長」段階にあった。たった今私たちが立っている地面は、海洋底を構成する黒色の火山性玄武岩より密度の低い花崗岩から構成されている。花崗岩は（マントルと呼ばれる）地殻の中層の奥深くで形成される。寒い部屋における暖かい空気と同様、花崗岩は形成されるにつれゆっくりと上昇し、より密度の高い海洋性地殻から分離する。そのプロセスに関してはさまざまな議論があるが、始生代においては大陸の形成は依然として初期の段階にあったと、多くの科学者は考えている。惑星全体に諸大陸が広がっていたのではなく、世界はまだ、現在のインドより小さい、クラトンと呼ばれる原大陸を一つか二つ宿していたにすぎなかったのだ。

このように、かつて地球は果てしのない海洋に覆われた水の世界だったことがある。

始生代が終わり、二五億年前から五億年前まで続く原生代に入ると、生命は、構造や代謝に関して新たな領域（ドメイン）をゆっくりと探査し始める。地球上で誕生した最初期の細胞は、比較的単純なものであった。この細胞は原核生物と呼ばれているが、それには現代の細菌も含まれる。最初の原核生物は、複合分子を単純な構造に分解すること（基本的に発酵作用）で生きていた。ところがやがて、初期形態の光合成の進化によって、日光から直接エネルギーを引き出す能力を持つ原核生物が登場する。細胞は、この最初期の光合成を利用することで、日光から食物を生み出すようになったのである。[23]

原生代が始まる頃、生命はより新しく効率的な光合成戦略を学んだ。そのいくつかは、細胞の遺伝的な青写真を保持するための細胞核など、種々の内部装置の発達に依拠している。このような核を持つ細胞の出現は、地球上における生命の進化の軌跡を変えた。新たな形態の光合成を加えることで、細胞はより多量のエネルギーを利用できるようになり、高度な柔軟性と適応性を獲得した。かくして原生代に、生命は分業の実験を始め、最初の多細胞生物が出現する。細胞は、互いに協力し合うさまざまな形態の組織へと特化していったのだ。しかし特化した細胞は、より大きな組織なくしては死なねばならなくなった。[24]

生命の変化とともに、地球自体も変わっていく。一〇億年を超える原生代のあいだに、最初のクラトンはフルサイズの大陸へと成長していく。やがて地殻プレートのゆっくりとした動き（プレートテクトニクス）によって、諸大陸が集められ、超大陸が形成される。この巨大な陸塊は、ロディニア大陸と呼ばれている。その後の地球の歴史を通じて、他の超大陸が形成されたり、分解したりするが、それらのできごとはいずれも、海洋大循環を変え、岩の風化や二酸化炭素循環のパターンを設定し直すことで、地球の気候を変えてきた。[25]

原生代におけるもっとも重要な気候変動はおそらく、ほぼ完全な氷河作用が生じた最初の時期に起こったものであろう。このイーオンのあいだに少なくとも四度、大気の温室効果ガスの濃度が変化することで、地球の気温が冷蔵庫なみに下がっている。極地から赤道に至るまで、地球全体が一マイル［一・六キロメートル］の厚さの氷の層に閉ざされていたと考えられる。[26] 宇宙空間から眺めると、この雪玉の世界（スノーボールワールド）は、広大な青い水域がどこにもない、ひび割れたまだらのピンポン玉のように見えたはずだ。

このように、かつて地球は果てしのない氷に覆われた雪玉の世界だったことがある。

地球が経験してきた変化のなかでも、五億四〇〇〇万年前に原生代が始まった直後から、生命が大挙して誕生し始めたことは、特筆に値するとともに謎でもある。地質学的な尺度からすれば非常に短い期間に、進化が大盤振る舞いのパーティを催したかのような様相を呈したのだ。単純な多細胞生物として始まった生命は、急速に新たな形態、新たな種へと分化し多様さを増していった。たった五〇〇〇万年のあいだに、進化は今日の地球の生命を特徴づけるすべての基本的な構造を生み出していったのである。（カンブリア紀に起こったので）カンブリア爆発と呼ばれるこのできごとは、空前絶後のスケールで起こった進化の加速であった。[27]

SFでお馴染みの「前歴史的な」世界は、カンブリア紀のあとで誕生したにすぎない。三億年前には、広大な沼沢林が広がる石炭紀があった。この沼沢林は、人類が文明プロジェクトのエネルギー源として利用してきた炭層になった。[28]また、映画や子どもの夢に登場する巨大な恐竜が支配する、ジュラ紀があった。それから氷河期と間氷期の循環があり、そのあいだに人類が出現し、やがて繁栄を極めるようになったのだ。

地球は、豊かな顕生代に、いくつかのバージョンを経た。しかし現代の人類との関連で言えば、地球が発熱でもしたかのようなレベルにまで気温が上昇した時期が特筆に値する。

五五〇〇万年前、パンゲアと呼ばれる超大陸が分裂し始める。プレートテクトニクスをともなう火山活動は過激になり、自然なフィードバックによってはとても取り除けないほど急速に二酸化炭素が大気に放出された。地球の平均気温は、今日より華氏一四度［摂氏七・七度］高い値を記録した。この期間は暁新世・始新世境界温暖極大期と呼ばれ、ほとんど氷の存在しない世界が出現した。[29]遠い未来、ゾーレン・グレガーセンが氷河で零下の夏を耐え忍ぶことになるグリーンランドの気温は、温暖な華氏七〇度

〔摂氏二一度〕で安定していた。

このように、かつて地球はうだるように暑い温室のような、雪のまったくないジャングルの世界だったことがある。

地球がかぶる仮面の取り替えの規模を考えると、次なる問いは、「かくも劇的な変化を引き起こせるほど強力な力とは、いったいどんな力なのか?」であることは言うまでもない。

大酸化イベント

技師はドナルド・キャンフィールドに「あなたは閉所恐怖症ですか?」と尋ねる。生態学を専攻するキャンフィールド教授は、世界でもっとも有名な深海潜航艇アルヴィン号の狭い船室に縮こまるようにして乗り込んだところだった。それは一九九九年のある秋の日、カリフォルニア湾の青い海にゆっくりと乗り出した調査船上でのできごとであった。

キャンフィールドは、「閉所恐怖症? とんでもない」と、二人が安心できる程度のうそを言う。技師は、ほんとうのところはよくわかっているといった微笑みを見せ、「そうですか。(……)何をしようが、その赤いハンドルにだけは触らないでください。緊急事態が発生しない限りは」と言った。[30] そしてハッチが閉じる。

一時間にわたる降下のあとキャンフィールドは、バハ半島から五〇マイル〔八〇キロメートル〕以上東にあるカリフォルニア湾ガイマス海盆の、海面下一マイル〔一六〇〇メートル〕を超える位置に横たわる海底をざっと見渡していた。ガイマス海盆は、二つの大陸プレートが互いに離れようとする

「拡大ゾーン」をなす。[31] 二つの大陸プレートが離れるにつれ、バハ半島は、一年におよそ一インチ［二・五四センチメートル］の速度でメキシコ本土から遠ざかりつつある。[32] これは指の爪が伸びる速度と同じだ。離れつつある二つの大陸プレートのあいだでは、熱いマグマが地球の深部から上昇し、冷え、岩へと凝固することで、新たな海洋性地殻が形成されつつある。

チタニウム製の六フィート［一・八メートル］の船体に刻まれた丸い観察窓からは、海底の様子が見えていた。日光の届く上層からはるかに深く潜っているため、キャンフィールドの眼前には、異世界が広がっていた。

キャンフィールドは著書『酸素（Oxygen）』で、「私たちは至るところで、堆積しつつある地殻から、硫黄に富んだ熱水があわ立ちながら湧き出てくるのを見た」と書いている。地球内部の烈火によって熱せられた沸騰水が、熱水噴出孔から暗色の柱をなして立ち上っていたのだ。しかし高温の地質は、彼の眼前に広がるこの世のものとは思えない光景の一つの側面にすぎず、驚くべきことに、熱と暗闇に支配された世界で生命が繁栄を謳歌していた。「石膏質の地殻の広大な丘の上で、穏やかに揺れる影の合間からチューブワーム（ハオリムシ）の大きな塚が屹立している」と彼は書く。[33] 巨大なチューブワームには色がない。永遠の闇の世界に色など無用なのだ。

キャンフィールドは、石膏質の海底の至るところに積雪のようなものが見られるのに気づいた。しかし、彼が見たものは雪ではなく細菌であった。無数のミクロの生物が、熱水噴出孔からあふれ出してくる熱と硫黄化合物からエネルギーを引き出している。[34] かくも極端な環境下でも繁栄できる、これらミクロの生物の能力は、彼の眼前に広がる奇妙な生態系全体の存続を可能にしているのだ。

キャンフィールドは、生化学という視点から地球の過去を探るために、海洋底への旅を企てた。ガイマス海盆の海底で彼が見たものは、日光を必要としない生命が存在することを示すヒントであった。その光景は、地球の変化のなかでも最大のできごと、つまり大酸化イベントによる酸素濃度の上昇が起こる以前の、初期の地球の姿の名残なのかもしれなかった。

「全世界を変えるほど、深遠で根本的なできごとを想像してみよう。大気や海洋の化学、あるいは生命の本質そのものを恒久的に変えるほど革新的なできごとについて考えてみよう」とキャンフィールドは書く[35]。

キャンフィールドはこの問いを立てたあと、ペストの大流行、ルネサンス、第二次世界大戦など、人類史上の決定的な瞬間について考察する。そして「これらのできごとはとても重要である。だが人間の領域の外では、その影響は小さかった」と述べる。さらには、恐竜を絶滅に追いやった六五〇〇万年前のできごとや、地球の全動物種のほぼ九五パーセントを滅ぼした二億五〇〇〇万年前のできごとについて検討する。しかし、それらのできごとでさえ、彼が対象にしているできごとと比べれば色あせてくる。彼によれば、「これらの大きなできごとは、動物の進化の流れを変えた。しかしそれでも、生命や、地表の化学作用の基盤を根本的に変えたわけではない[36]」。何が地球を完全に変えたのだろうか？　そう彼は問う。この問いに対する答えは、呼吸をするのと同じくらい単純なものだ。

地球の歴史の最初期においては、生物のほとんどは、キャンフィールドが海底で見たものと同種の化学作用からエネルギーを得ていた。しかし始生代の中頃になると、いくつかの単細胞生物が、日光という豊かなエネルギー源の利用方法を見つけた。科学者が「酸素非発生型光合成生物」と呼ぶ生物の誕生は、生命の歴史における大きな革新の一つとしてあげられる。進化の瞠目すべき試行錯誤の繰り返しによって、光受容器を発達させた細菌が登場する。光受容器とは太陽エネルギーを吸収するナノ単位の装置であり、これらの細菌はそれを用いて糖分子を産生する化学反応を作動させた。いかなる形態であれ糖は、細胞が生存するために必要なあらゆる代謝作用を支える基本的なバッテリーとして機能する。[37]

酸素非発生型光合成の時代が一〇億年ほど続いたあと、自然は創造性を発揮し始める。始生代後期のある時点で、進化は、水を用いて化学作用を駆動するという新バージョンの光合成をあみ出したのだ。水は地球上に豊富に存在するので、新バージョンの光合成を利用する生物は、古い形態の光合成を用いる生物に勝利した。しかし藍藻(シアノバクテリア)と呼ばれるこの生物は、単に増えるだけでなく、水、二酸化炭素、日光を取り込んで、その活動の一種の廃棄物として酸素分子を吐き出し始めたのである。[38] こうして新バージョンの光合成を利用する生物は、水を取り込んで、光からエネルギーを得、酸素を排出する代謝という革新を通して、地球の歴史のなかでももっとも強力な勢力になっていく。

やがてシアノバクテリアの活動によって、非常に大量の酸素が海洋や大気に投棄されたために、地球全体がその状態に反応しなければならなくなった。地質学的な記録は、大気の酸素濃度がわずかに上昇した「ひと吹き」がかつて起こったことを示している。しかし二五億年前にはその状態が定着し、わずか数億年のあいだに大気の酸素濃度は一〇〇〇万倍に上昇した。

これが大酸化イベント(GOE)と呼ばれるできごとである。皮肉にも、酸素濃度の上昇は、その頃存在していた生命の多くにとっては毒でしかなかった。さまざまな化学物質と結合する酸素の能力は、たちどころに細胞の機能を阻害して、生命を殺せることを意味する。しかし進化は、レモンからレモネードを作る方法をあみ出す。つまり酸素によって増強（juiced-up）された化学作用を利用して、より効率的で活力にあふれた生命を作り出すことを学んだのである。すぐに、酸素を呼吸する生物、すなわちより迅速で複雑な代謝のエネルギー源として酸素を用いる生物が進化する。[39] 進化に対する酸素のひと蹴りがなければ、本書を読んで理解するためにあなたが使っている大きな脳は、決して進化し得なかっただろう。

ＧＯＥが終わる頃には、かつて地球の主人であった酸素非発生型光合成生物はイエローストーン国立公園の悪臭のする硫黄に満ちた穴や、私たちの胃のなかのような場所で生きる方法を学び、酸素のない巣穴に引き篭らざるを得なくなった。かくして新たに出現した酸素を呼吸する生命形態が、大洋や大空を支配するようになったのだ。

大気における酸素の存在は、生命が大挙して陸地に移住することを可能にした。ＧＯＥ以前は、細胞にダメージを与える太陽からの（日焼けを引き起こす）紫外線の放射が、大気を貫いて絶え間なく降り注いでいた。海面下の世界だけが、豊かな生態系を築けるほど紫外線からの影響を免れていたのである。しかし酸素の増大とともに、大気にオゾン層が確立される。オゾンとは、三つの酸素原子から構成される気体で、成層圏で形成される。オゾンは紫外線を吸収する。陸地を生命にとって安全な場所にした、オゾンの盾は、大気中の酸素濃度の上昇なしには形成し得なかった。[40]

このように多大な変化をもたらしたＧＯＥは、人新世に関して何を教えてくれるのだろうか？　それは、生命が地球の進化のつけ足しのようなものではないことを示している。生命はたまたま地球に出現して、ただ単にその背にうまく乗ったのではない。ＧＯＥは、地球の歴史の初期の時点で、生命が惑星の進化の道筋を完全に変えたことを明らかにする。また、人新世の到来を駆り立てている今日の私たちの営為が、新奇なものでも、先例のないものでもないことを教えてくれる。しかしそれと同時に、地球を変えることが、当の変化を引き起こした生物にとってよい結果につながるとは限らないことをも教えてくれる。酸素を生成する（が呼吸しない）細菌は、ＧＯＥを引き起こした、それ自身の活動によって地球の表面から追い払われてしまったのだ。

したがって私たちは、人類自身と、宇宙のなかで人類が占める位置をめぐる私たちの考えの原動力をなす洞察を、さらにはもっとも深遠な科学的真実と、最高の形態の神話的理解の両方に触れる考えをＧＯＥから得ることができるだろう。さてこれで、生物圏（バイオスフィア）と、そこで人類が占める位置について十分に思い描いてみる準備が整った。

生物圏の始まり

科学者はさまざまな理由で名声を手にする。新たな考えを提起して古い考えを粉砕したアインシュタインやダーウィンのような科学者もいる。彼らの名前は、世紀の天才として永久に語られ続けるだろう。その一方で、卓越した研究者であり、かつ何百万人もの一般読者を対象に、科学の美や力についてわかりやすく解説する本を書く才能を持った、カール・セーガンやスティーブン・ホーキングのような科学者もいる。だが何人の読者が、ウラジーミル・イワノヴィチ・ヴェルナツキーという名前を知っているだろうか？　母国ロシア以外では、ほとんど知られていないはずだ。しかしその状況は、地球という惑星が置かれた状況とともに変わっていくだろう。

惑星という文脈で生命をとらえるというまったく新たな科学的概念の到来を告知したのは、ヴェルナツキーと彼の天才であった。人新世に深く分け入るにつれ、私たちは、ヴェルナツキーがすでにそこにいて、私たちが追いつくのを待っているのに気づく羽目になるだろう。

ヴェルナツキーは、一八六三年に帝政ロシアのサンクトペテルブルクで生まれた。彼の母親は貴族の家庭の出身で、父親は政治経済学と統計学を教える大学教授であった[41]。また両親は、民主主義的、人文主義的な理想に帰依していたことで知られる。彼は、そのような理想に基づいて生きていこうとする確固たる決意を両親から受け継いでいた。そしてこの考えが、彼の科学に対する愛情に接ぎ木されたのである。戦争、革命、激しい政争の八二年間を通じて、彼の科学への献身度は衰えることがなかった。個人的に大きな脅威を受けたときでさえ、いかなる結果が待っていようと、科学的な理想を追求する自由を求めて戦うことを辞さなかった[42]。

ヴェルナツキーの科学的な業績は、鉱物の化学的研究から始まる。一九世紀終盤のヨーロッパを渡り歩き、物理学の最新の方法を岩石の研究に応用することに多大な関心を寄せていた。彼の目標は、高精度のツールを用いて地球の歴史に関する問いの解決に取り組むことであった。とはいえ精密な実験に基づく研究を志向していたと言っても、彼はつねに専門家以上の存在であった。生涯を通じて彼は、部分をもとに科学的に解明することのできる限られたストーリーから、いかに全体が立ち現われてくるのかを見通そうと奮闘していた。

かくしてヴェルナツキーは、地球化学と呼ばれるデータ主導の新たな分野の堅固な礎石を築いた。この分野の目的は、地球のミクロの物理的構成要素を調査することで、その歴史を解明することにある。

次に彼は、さらにその先を行く。結びつけられたのは、地質学と化学だけではない。彼の考えでは、地球のストーリーには、根本的なレベルで生物学が持ち込まれねばならなかった。だから彼は、二つ目の研究分野を創始したのだ。生物地球化学である。[43]

ヴェルナツキーは、「生物を自律的な実体として」とらえる生物学者の考えをよく批判していた。彼の見方では、いかなる生物種も、それが進化した環境の痕跡以上のものを帯びている。それどころか、環境が生命の活動全体を通じて形作られるのだ。彼は次のように言う。「生物は、生物自体が適応した環境ばかりでなく、生物に適応した環境にも関与している」

このような微視的、巨視的両側面への配慮は、ヴェルナツキーを、惑星のホストという観点から生命を眺める見方に対する彼の最大の貢献へと導いていく。そして彼は、スイス出身の地質学者エドアルト・ジュースと行なった議論をもとに、「地球の研究は、惑星の力としての生命の中心的な役割を理解することなくしては完全ではあり得ない」と主張する。ヴェルナツキーの見方によれば、生物圏のダイナミクスに関する理解なくしては地球を真に理解することなど不可能なのである。

図 11 ロシアの科学者ウラジーミル・イワノヴィチ・ヴェルナツキー。

宇宙飛行士ウィリアム・アンダースの撮影した写真「地球の出」を見たあとの世界を生きている私たちには、生物圏という概念を革新的なものとして考えていた時代があったとはなかなか想像しにくい。だが、この概念に科学的な意義を与えたのはヴェルナツキーであった。また、大酸化イベントから現代の気候変動に至るあらゆるできごとを研究する、のちの世代の科学者たちが、多大な労力を費やして徐々に確証していく「生命とは、岩と大気のあいだの薄っぺらな場所を占める、緑色のボロをまとった浮浪者なのではなく、火山や潮流と同じくらい重要な惑星の力である」という結論を、最初にはっきりと述べたのもヴェルナツキーであった。このように生命は、数十億年にわたる複雑な世界の歴史を形作った積極的な力だったのである。ヴェルナツキーは一九二六年に、次のように書いている。

生物圏では、太陽エネルギーが集められ再分配される。そして地球に働きかけることのできる自由エネルギーへと最終的に変換される。(……)地球に降り注ぐ日光によって、生物圏は生命の存在しない惑星の表面では見られない特徴を帯び、かくして地表は変わる。[44]

ヴェルナツキーは、その誉れ高い全生涯を通じて、生物圏という概念を修正し拡張し続けた。特に彼は、地球の地殻の内部(岩石圏)から大気の縁に至る殻(シェル)として、生物圏を見ていた。このシェルの内部で、生命の活動は物質とエネルギーの流れを劇的に変えたのである。

今日との関連でもっとも重要なのは、世界を形作る生命の力が古くから存在し、かつ現在でも作用していると彼が考えていた点である。「ゆっくりと段階的に調節していくことで、生命は生物圏をつかみ取っていった。このプロセスは、まだ終わっていない」と彼は書く。

私たちのストーリーのなかでヴェルナツキーをかくも重要な登場人物たらしめているのは、彼のビジョンである。地球の人新世への突入は、あるレベルでは、純粋に惑星の諸プロセスの相互作用の問題と見なせる。しかし人類の人新世への突入に関しては、話が異なる。私たちにとってそれは、意味の形成、すなわち惑星を形作る生命の網の目の内部において人類が占める位置の理解に関する問題でもある。彼は、これら両方の問題に対して答えを与えられる全地球的な見方を構想していた。つまり、人工衛星や宇宙探査によって地球全体が肌で感じられるようになるはるか以前に、科学的な射程と神話的な射程の両方をあわせ持つ見解を提起していたのである。

ヴェルナツキーは一九四五年に死去しているが、その後冷戦のせいで、生命と、地球に対する生命の影響に関する彼の革新的な見方がロシアの外で知られるようになるには、しばらく時間がかかった。[45] しかし彼のビジョンは、やがて支持者を獲得するようになった。宇宙開発時代の到来によって人類の文化が変わるにつれ、とりわけ二人の科学者が、ヴェルナツキーの生物圏のビジョンを取り上げて、成熟した科学へと育てていったのだ。

生物圏の勃興

ジェームズ・ラブロックは、つねにアウトサイダーのインサイダーであった。第一次世界大戦終了後のイングランドで、ラジオを初めて組み立てていた少年の頃から、彼は途方もない才能を持つ発明家であった。やがて政府や企業は、彼のその才能に目をつけ、協力を求めるようになった。

第二次世界大戦中、化学で学位を取得したラブロックは、医学研究の道に入り、風邪を研究するための高精度のエアフローメーターから、濡れた試験管の表面に書くことのできる特殊な色鉛筆に至るまで、あらゆるものを発明していた。「メイカー」としての才能を発揮することで彼は、自分の発明によって着実な収入を確保できるようになり、ある程度の独立を保てるようになった。一九五〇年代には、微量の汚染物質を検出するための安価な携帯装置を考案している。この特許は非常に貴重なものだったので、彼は研究機関や政府機関に依存せずに科学研究に邁進することができた。しかしそれでも、政府は彼を公的プロジェクトに引き入れたがっていた。[46]

一九六一年には、ラブロックは、ジャック・ジェームズの率いるチームが、マリナー号による火星探査に全力を傾注していた、パサデナのジェット推進研究所（JPL）にいた。その広大なキャンパスはラブロックにとって、「丘の斜面にプレハブの小屋が点在するあわただしい飛行場」のように見えた。[47] JPLが彼を造成されたばかりのキャンパスに呼んだのは、新たな宇宙探査ミッションに用いられる感応装置を設計するにあたって彼の助力が必要になったからだ。やがて彼は、火星で生命を探査するための装置を考案するチームに配属される。

ある会議で、火星で微生物を検知する計画をめぐる生物学者の説明をじっと聞いていたラブロックは、その計画に納得できなかった。「彼らの計画の誤りは、火星の生命がいかなるものかを自分たちがすでに知っていると前提している点にあった。（……）モハーベ砂漠に生息している生物のようなものとして考えているのではないかという印象を強く受けた」と、彼は自伝で回顧している。[48]

だがラブロックは、のちの生涯を通じてつきまとったアウトサイダーの視点を通して、この問題を別の角度から見ていた。「もっと一般的な実験をすべきではないか。つまり、私たちが知っている地球上の生命が持つよく知られた特徴ではなく、生命それ自体を探す実験をね」と、彼はグループのメンバーに向かって言った[49]。その「生命それ自体」を探す実験を提案するようプログラムマネージャーに促された彼は、ヴェルナツキーの生物圏の領域へと直結する道を歩み始める。

物理学、化学、生物学を専攻してきたラブロックは、惑星の大気の問題としてこの問題をとらえるようになった。生命によって酸素に富む大気が維持されていることを彼は知っていた。生物圏を取り去れば、酸素は他の化合物と結合し、やがて大気には酸素が存在しなくなるだろう。つまり生命が存在しなければ、大気は火山から放出される二酸化炭素に支配された「化学平衡」の状態に戻るはずだ[50]。

ラブロックは、地球上で観察したことに基づいて、「生命は惑星の大気を、つねに均衡からほど遠い状態に保っている」と推測した。つまり彼は、生命の活動がつねに、惑星の化学反応に働きかけていると考えていたのだ。生物圏による酸素の補給、つまり生物圏の働きがなければ他の化合物と結合して失われてしまう元素の絶えざる補給は、その例の一つである。

その後二年間、ラブロックはＪＰＬを訪問し続け、「大気を生命の検出器にする」実験の詳細をつめていった。しかし一九六五年九月に、自分の考えには単なる実験以上の何かがあると直感した。

他ならぬ若き日のカール・セーガンも働いていたオフィスでラブロックは、火星の大気が二酸化炭素に支配されていることを示す新たなデータをしげしげと見つめていた。地球のガスの毛布とは異なり、火星の大気は金星同様、死の化学平衡の状態で固定していた。二酸化炭素に支配された大気はまさに、化学反応を起こるにまかせたままにしておくと生じるものだ。たとえて言えば、箱のなかにさまざまな化合物を入れて混ぜ、そのまま永久に放置しておくようなものである。ラブロックが閃いたのは、まさにその瞬間だった。

「（地球の大気の化学作用が）安定を保ち持続するためには、何かがそれを調節していなければならないという考えが、一瞬の悟りのように突然閃いたのだ」。この「何か」の正体は、問いを立てると同時にラブロックの頭のなかに浮かんできた。「生命は、化学作用とともに気候も調節しているのだと気づいた。気温と化学作用を穏やかで安定した状態に保つことのできる生きた有機体としての地球というイメージが、突如として心のなかに浮かび上がってきたのだ[51]」

そのイメージは強烈だった。ラブロックは地球を単一の実体、ある意味で「生きている」ものとしてとらえ、身体が適正な体温を維持するのと同じあり方で、それ自体を調節していると見たのだ。彼はすぐに、自分の考えを肉づけして、地球全体の状態を調節するために生命が利用しているメカニズムを探究する作業に着手した。この作業を進めるうち、彼はこの考えに名前をつける必要があることに気づいた。最初は「自己制御する地球システム理論」と呼ぶつもりだったが、近所に住んでいた小説家のウィリアム・ゴールディング（『蝿の王』の著者）と会話したとき、考えを変えた。ギリシア神話の地母神ガイアの名にあやかるよう、ゴールディングに薦められたのだ[52]。

宇宙のなかの地球というコンセプトの発展に大きく貢献したカール・セーガンが、ガイア理論を生んだ洞察に寄与したという事実には、やや皮肉めいたところがある。セーガンがラブロックの考えを支持したことは一度もなかったことを考えると、ガイア理論の次の重要なステップに移行する際の産婆役をセーガンが果たしたことは、さらに大きな皮肉とも言えよう。

セーガンと離婚してから数年のあいだに、生物学者のリン・マーギュリスは、ほとんど独力で、進化においては競争ばかりでなく協調も重要であることを科学界に認識させた。彼女が提唱する内部共生の理論は、「細胞小器官（オルガネラ）」と呼ばれる細胞内の小さな化学工場が、かつて独立した生物であったことを明らかにした。彼女は、ミトコンドリアなどの細胞小器官が、数十億年前により大きな細菌に吸収され、協調的、共生的な全体を形成するようになったことを証明したのである。この共生の進化は、始生代に生命の進化の軌跡を変えた真核（核のある）細胞の起源である可能性が考えられた。(53)

一九七〇年代前半、マーギュリスは大気中の酸素と、微生物によるその起源の問題に関心を抱いていた。元夫のカール・セーガンに、それについて相談できる人物を知らないかと尋ねたところ、セーガンはラブロックの名をあげた。このような普通はあり得ない紹介を経て、ラブロックとマーギュリスは、生命によって形成されるガイアの概念を、自己制御する惑星システムの理論として煮詰めるための協業を開始する。その際、ラブロックの持つ物理学や化学のトップダウン的な見方と、微生物が持つ豊かさや力を扱うマーギュリスのボトムアップ的な見方を持ち寄った。(54)

二人の共著論文に詳しく説明されているように、ガイア理論のエッセンスは、本書で温室効果について述べた際に取り上げたフィードバックの概念にある。

人間の体温は、つねに華氏九八・六度［摂氏三七度］近辺に保たれている。これは定常状態と呼ばれる。死ぬと体温は室温まで落ちる。それが平衡状態である。それと同じ考えは、大気中の酸素濃度にも当てはまる。現在の酸素濃度は、生命の存在によって作用する化学反応を通じて定常状態に保たれている。だが、生命はいかにして酸素濃度を定常状態に保っているのだろうか？　光合成を行なう能力を獲得した細菌が地球に酸素に満ちた大気をもたらしたことについては、すでに述べた。しかし酸素濃度は、な

図12　ガイアの像の前に立つジェームズ・ラブロックと生物学者のリン・マーギュリス。

ぜ二一パーセントまで上昇してから、それ以上にはならなかったのか？　これは重要な問いだ。というのも、大気中の酸素濃度が三〇パーセントまで上がっていれば、地球は火打ち石も同然になっていたはずだからである。たった一度稲妻が発生しただけで、鎮火しようのない大火事になっていたことだろう。では何が、大気中の酸素濃度がこの危険な限界値を超えないよう抑えたのだろうか？　この問いに答えるために、ラブロックとマーギュリスは、フィードバックの概念に着目したのである。

　ガイア理論でラブロックとマーギュリスは、生命が全体として、地球に負のフィードバックを課していると論じた。そしてこのフィードバックは、生物の生息が可能な、あるいは実際に生物が宿る、長期にわたる一連の安定した状態に地球を保ってきた。言い換えると、生命は自分たちが住みやすいよう地球の状態を保ってきたのだ。たとえば酸素濃度が高くなりすぎれば、増大した酸素は微生物の繁栄を引き起こし、その微生物の生化学反応によって酸素濃度が低下する。二人のこのような考えは、実に壮大であったと言えよう。

要するにラブロックとマーギュリスは、世界創造神話のスケールを持つ科学的なナラティブを提示したのだ。それはヴェルナツキーの説の強化版とも言えるもので、生命が単なる力ではなく、独自の意図を持った力として作用する惑星の進化というビジョンを提起した。しかし、ある考えが壮大で美しかったからといって、その真理が保証されるわけではない。二人は、とりわけ意図、つまりガイアにフィードバックを課す生命の意図というきわめて重要な考えを持ち込むことで、パンドラの箱を開けたのである。

地球システム科学の誕生

オベロン・ゼル・レイブンハート（本名ティモシー・ゼル）は、ニューエイジ思想なら何でも支持した。彼は異教徒であり、シャーマンである。フェローシップ・オブ・イシスの叙任司祭であり、またエジプシャンチャーチ・オブ・ザ・エターナル・ソースの信者として活動している。彼はガイアの支持者でもあり、まさにそのせいで、ラブロックとマーギュリスの壮大で美しい考えが、多数の科学者に嫌われてきたのである。

ガイア理論は当初、科学的な理論としては科学者によってさげすまれたが、一般には広く知られるようになった。歴史家で哲学者のマイケル・ルースは、「（大衆は）ラブロックと彼の仮説を熱狂的に受け入れた。人々はガイアグループに入った。教会はガイア礼拝を行ない、そのために新しい音楽を書かせることもあった。ガイア地図、ガイア園芸、ガイアハーブ、ガイア静修会、ガイアネットワークなど、さまざまなガイアXXXが出現した」と書いている。[55]

ガイア理論は、環境運動やポスト六〇年代のニューエイジ主義が主流になった頃に誕生した。一九七九年、ペンシルベニア州ハリスバーグにあるスリーマイル島原子力発電所が部分的な炉心溶融を起こした事故のために、原子力が国家的な問題になった。ニューヨーク州北西部のラブ・カナル運河で起こった汚染事件は、環境悪化の何たるかを示す象徴になった。ガイア理論と、それが喚起する単一の生きた有機体、巨大な母なる惑星としての地球というイメージは、世界のなかで人類が占める位置に関する新たな展望を示すことで、生態系に対する一般の関心を引き寄せた。

だが大勢の科学者が、ヘビの油を売り込んだとして〔いわゆるトンデモ科学のことを「スネークオイルサイエンス」と呼ぶ〕、ラブロックとマーギュリスに食ってかかった。たとえば王立協会フェローで微生物学者のジョン・ポストゲートは、次のように吐露している。「ガイア、偉大な母なる地球！　惑星の有機体。そんな考えを真面目に扱えともう一度メディアに言われて、不快な心の痛みと非現実的な感覚に襲われない生物学者は、私以外にいないのか？」[56]

多くの科学者にとって、ガイア理論の真の問題は目的論的な側面にあった。進化には目的も方向も目標もないという見方を遵守することが、生物学研究の品質証明になる。だが、生物圏がそれ自体のために、地球の化学的、物理的な条件を操作しているという考えは、本質的に目的論的であるように思えた。つまり、ガイア理論は「意図」を持ち込んでいるように思えたのだ。だが、進化は意図など持ち合わせていない。[57]

ラブロックとマーギュリスは、不屈の闘志でガイア理論を擁護した。二人が提起するフィードバックという概念は幻想にすぎないと主張する批評家に応戦して、ラブロックは現在ではよく知られたデイジーワールド・モデルを案出した。数学者のジェームズ・ワトソンと考案したデイジーワールド・モデルは、一連の単純な方程式を用いて、二種のデイジー（黒と白）が存在する惑星と、次第に明るさを増していく太陽を記述するというものだ。この方程式は、太陽の温度が上がっても、デイジーのフィードバック（黒いデイジーは日光を吸収し、白いデイジーは反射する）によって、惑星の気温が自然に一定に保たれることを示した。つまりこのモデルは、単純な数式を用いて複雑な考えを表現することで重要な論点を証明する方法の典型例だと言えよう。ラブロックが述べるように、「デイジーワールドは、その気温を、デイジーそれ自体の成長に最適な温度に近い値に保つ。そこには、目的論も先見の明も存在しない」[58]

そしてラブロックとマーギュリスは、いかなる意味でも、地球が生きていると主張しているのではないと明言する。ニューエイジ主義者による母なる地球ガイアの擁護はともかく、二人は最終的に、生物圏が惑星の進化において中心的な役割を果たしていると論じた。つまりヴェルナツキーの最後に到達した地点から出発して、そこにさらなる科学を投入したのである。

一九八三年にデイジーワールド・モデルが発表されると、潮目は少なくとも部分的に変わり始めた。生物圏のフィードバックは、惑星の作用を支配する法則の必須の部分をなし、惑星の観点からものごとを考えるにはどうすればよいかを決定づける考えだと認識されるようになったのだ。かくして地球を研究する科学者たちは、生物圏が中心的な役割を果たしているという考えを擁護するようになった。ただし、その過程で「ガイア理論」という名は捨てられ、それより無難な「地球システム科学」という名に置き換えられた。それでも自己調節の概念には異論があったが、生物圏と大気とその他のシステムの連携は非常に緊密なので、それらは単一の実体としてとらえられなければならないと、研究者たちは考えるようになった。地球システム科学の採用は、惑星についてどう考えるかをめぐって革新をもたらし、今日では、あらゆる分野の研究者が気候変動を理解する際に参照する、領域横断的な見方の基盤をなしている[59]。

地球システム科学の研究は、その対象が地球の過去にまで拡張されるため、研究者の語彙に、非常に重要な考えをつけ加える。ヴェルナツキー、ラブロック、マーギュリスの考えに基づいて、新世代の科学者たちは、生命と地球の「共進化」を語るようになった。共進化という用語は、宇宙生物学を再構成するのに役立つだろう。もはや生命を、それを生んだ地球から分けて考えることはできなくなった。惑星は、自らが生んだ生命によって根底から変えられることがある。それには、生命が地球を覆う文明を生んだときも含まれる。かくして共進化というたった一つの用語には、人類と人新世について語る新たなストーリーの種子が宿っていたのである。

第4章　計り知れない世界

惑星によって人生を台無しにする方法

トーマス・シーは、同僚の天文学者たちに嫌われていた。彼が一九世紀後半の「ポピュラーな」天文学者のなかでももっともよく知られた一人であったことを考えると、その状況は、シーにしてみればとりわけ皮肉に満ちていた。(1)

シーは、若い頃から将来を約束されていた。望遠鏡の専門家と見なされ、一般向けの本の著者としての技量によって、引用や説明が必要になったときに意見が求められる、天文レポーターのような役割を果たしていた。しかしあっという間にはなばなしく成り上がった彼も、やがて奈落の底へと転落し、彼の科学は激しい嘲笑の的になる。ついには同僚に徹底的に軽蔑されるようになったため、彼の経験は、科学的な名声がいかに失墜しやすいものであるかを示す教訓にさえなった。

彼のストーリーは惑星で始まる。

シーは、ミズーリ州の田舎で一八六六年に生まれている。彼は誰が見ても才能あふれる子どもだったが、家族は彼を、一〇代になるまでフルタイムでは学校に通わせないようにしていた。しかし学校に通うと、教師は科学と数学に対する彼の才能に気づくようになり、やがて彼を州立大学に入学できるよう手助けした。のちに才能ある彼は、当時の最高の天文学者の何人かと共同で、互いの軌道を周回する二

図 13　天文学者トーマス・ジェファーソン・ジャクソン・シー。

つの星、すなわち連星の研究を行なうようになった。

シーの業績には、二つの姉妹星が天空の位置を変える様態を描く精緻なマップの作成が含まれる。彼は倦むことなく、この「位置天文学的な」研究を続けた。一日に一八時間働き、何日も夜間に望遠鏡観察を行なって得た写真による天文情報を、天空のマップの位置へと翻訳していった。それからこの位置天文学的データを用いて計算を行ない、連星の正確な軌道の形を割り出した。最後に物理法則を適用して、かくして得られた軌道から連星の質量を見積もった。一八九〇年代の時点では、恒星の質量に関して多くは知られていなかった。だから彼の業績は、最先端の科学と見なされたのだ。

シーはまずシカゴ大学に、それから火星にとりつかれたアマチュア天文家であった富豪のパーシバル・ローウェルがアリゾナ州フラッグスタッフに設立した天文台に雇われた。シーが苦境に陥ったのは、このローウェルの天文台においてであった。

一八九九年、シーは権威ある雑誌『アストロノミカル・ジャーナル』に、「へびつかい座七〇番星と呼ばれる連星は、〈何らかの暗い天体によってかく乱されている〉」と主張する論考を発表した。言い換えると、この連星の軌道は、三番目の不可視の天体の重力によってかき乱されていると述べたのである。

のちに彼は次のように述べ、別の連星に関して同様な主張を提起している。「その天体は暗く、（……）光の反射によって輝いているように見える。その天体自体が光を放っていることが、今後証明されるとは思えない」。言い方は遠慮がちだが、彼のこの言葉の意義は明確だ。つまり彼は、系外惑星を発見したと世間に公表しているのである。

夜空に輝く星には惑星をともなうものがあるのかという問いは、古代ギリシアまでさかのぼる。数千年間、天文学者や哲学者は、宇宙における他の太陽系の存在をめぐって議論してきた。ジョルダーノ・ブルーノは、他の世界が存在すると主張して自分の命を危険にさらした。だから他の恒星を周回する惑星の存在を示す直接的な証拠が一つでも見つかれば、それは画期的な発見だと見なされるようになっていたのだ。そのような状況のもとで、シーは恒星の軌道を乱す「暗い天体」という、惑星に関する尋常ならざる主張をしたのである。しかし科学では、尋常ならざる主張は、尋常ならざる証拠を必要とする。科学者がその種の主張をするには、まず自分が、得られた結果に健全な懐疑の目を向ける必要がある。なぜなら、他の科学者が、必ずや観察結果を注意深くチェックするはずだからだ。

だがシーは、自分の得た結果に対して懐疑の目を向けることがなかった。そしてそのために、大きな犠牲を払わねばならなくなったのである。一八九九年五月、フォレスト・レイ・モールトンという名の、シーのかつての学生が、同じ『アストロノミカル・ジャーナル』誌に、シーの主張するへびつかい座七〇番星を周回する惑星は、物理の法則に反するので存在するはずがないと主張する論文を発表した。

科学は、いわば「コールアンドレスポンス〔複数のコーラスや演奏者のグループが呼応しながら演じる掛け合いによる音楽〕」にもたとえられるやり取りを通じて発展していく。ブルースやジャズの演奏者が、他のメンバーが演奏したフレーズを受け継いで発展させるように、シーはモールトンの結果を受けて、それをもとに自分の理論を発展させることもできた。あるいは、最先端の観察結果には、誤った解釈がつきものであることを認め譲歩してもよかった。要するにこのできごとから学んで、よりよい科学を築き上げることができたはずだった。

ところがシーは、掛け率を上げる挙に出る。

『アストロノミカル・ジャーナル』誌に送った辛らつな手紙のなかで、シーはモールトンを攻撃し、惑星に関する自分の主張の誤りをごまかそうとした。すでにモールトンの反論は知っていたと述べ、それから軌道や惑星の性質に関してあいまいなことを書いた。『アストロノミカル・ジャーナル』誌の編集者たちはシーの手紙の辛らつな調子にぎょっとし、文章の一部しか掲載しないという尋常ならざる処置をとった。そして、いかにもヴィクトリア朝時代風のダメ出しをしたためた返事をシーに送った。「今こそシー博士におかれましては、わがジャーナルへの貴君の見解の提示において、これまでは、寛大さの基準をいかに解釈しようとも、もっとも寛大と言える措置がとられてきたということを認識していただく絶好の機会であります。しかし今後は、慎重さであれ、礼儀正しさであれ、わがジャーナルの寛大さの基準が、貴君には不当な制限であるように思えたとしても、驚かないでいただきたい」

要するに『アストロノミカル・ジャーナル』誌は、「今後は検閲するぞ！」と脅しているのだ。

そこから事態は悪化の一途をたどる。シーは激しい気質と憤激のために、世界最高の天文台から、カリフォルニア州メア・アイランドにある「海軍天文台」に移る羽目になる。巨大な海軍造船所に所属するこの施設は、時報ステーションに毛の生えた程度のものにすぎず、そこには語るに足る望遠鏡はなかった。

天体観測のためのすぐれた装置を使えなくなったシーは、理論に目を向け始める。残念なことに、望遠鏡を扱う才能には恵まれていたものの、基本的な物理に対する彼の直観力はお粗末なものであった。世紀の変わり目に起こっていた、物理学における主要な革新をすべて見逃していたのである。量子力学という新たな科学で論じられていた、原子の振る舞いに関する深遠な発見を一貫して否定し続けた。また、宇宙の構造に関する自分の見方は観察によって証明されたと主張して（実際には証明されていなかった）、アインシュタインの輝かしき相対性理論に反対した。

シーの科学的な名声の没落を決定的にしたのは、一九一三年に刊行された『T・J・J・シーの比類なき発見（The Unparalleled Discoveries of T.J.J See）』というタイトルの本であった。この本の著者は、シーを「世界でもっとも偉大な天文学者」と呼んでいた。しかし、調査したところこの本を書いたのはシーその人であることがわかったと主張する者が現われた。その後彼は、同僚の科学者から尊敬を取り戻すことはなく、同業者から拒絶されたまま、一九六二年に死去している。

精度の問題

惑星を発見したという主張が根拠薄弱と見なされたり、それによって自分の経歴が損なわれたりした天文学者はシーが最後ではない。彼に続き、惑星を発見したと主張しながら、その主張が潰え去っていった天文学者が何人かいる。系外惑星を見つけることのむずかしさは、「精度」というたったひとことで要約できる。惑星は小さく、恒星は大きい。惑星は暗く、恒星は明るい。惑星は冷たく、恒星は熱い。

惑星の質量は小さいが、恒星のそれは巨大だ。たとえば太陽は、どこかよその星系から見れば、地球の一兆倍輝いて見えるはずである。つまり星間距離を隔てて地球に似た惑星を探すことは、ニューヨークから、ジャイアンツが試合をしているサンフランシスコのＡＴ＆Ｔパーク〔野球場〕の照明塔にとまっているホタルを見つけようとするのにも等しい。

したがって遠い宇宙に存在する惑星を「見る」ためには、科学者は、惑星が生み出した微細な徴候を、恒星の巨大な影響をかいくぐりながら拾わなければならない。系外惑星を探査するために天文学者が使える戦略はいくつかあるが、いずれも高精度の測定機器を必要とする。

惑星を検知するもっとも古い方法の基盤をなすのは、Ｔ・Ｊ・Ｊ・シーが用いていた、恒星と惑星の軌道運動に焦点を絞る位置天文学である。私たちは通常、惑星が恒星のまわりを周回していると考える。だが真実はもっと興味深く、天体はつねに互いのまわりを周回し合っている。質量の等しい二つの天体は、中間点の周りを周回する。しかし小さな惑星が大きな恒星のまわりを周回するなど、二つの天体の質量が異なる場合、軌道の中心は、質量の大きなほうの天体の中心に近くなる。したがって惑星が恒星のまわりを周回しているように見えたとしても、恒星は、惑星の重力によってごく小さな軌道を周回するよう余儀なくされる。この恒星が演じる小さなダンスの中心は、恒星自体の中心からわずかにずれた位置にある。

シーによる位置天文学の研究は、この微細な星の運動を観察することを目的としていた。つまり、何年にもわたって一個の恒星の位置を追跡するのだ。かくして天文学者は、不可視の惑星の重力によって引き起こされる恒星のジグザグ運動を観察する。だが、恒星のぐらつきによる位置の変化はごくわずかでしかない。一例をあげよう。一五光年離れた位置から太陽の動きを観察している異星人は、太陽系内のもっとも質量の大きな惑星によって引き起こされる軌道のずれでさえ、検出するのには多大な努力を必要とするだろう。それほど些細な位置の変化を検知するために必要な測定の精度は、シーが生きていた時代の技術力の及ぶところではとうていなかった。

恒星や惑星の重力ダンスを追跡する他の方法に、恒星の位置ではなく速度の変化を追跡するというものがある。恒星は、その小さな軌道を周回するにつれ、惑星の引力によって、最初は地球上の観察者のほうに向かって振れ、次に離れていく方向に振れる。「リフレックスモーション」と呼ばれるこの速度の変化を検出できれば、その恒星のまわりを周回する惑星の存在が証明される。しかし軌道それ自体と同様、リフレックスモーションによって引き起こされる恒星の速度の変化はごく小さいので、それを検知できるだけの高い精度で恒星の運動を測定することは、技術的に非常にむずかしい。

系外惑星を観察する第三の方法は、恒星の輝度、つまり光の放出量のみに着目する。一年に二回から五回、地球のどこかで日食を観察することができる。日食は、地上の観察者にとって、月が太陽の前面を通過し、日光を部分的もしくは完全にさえぎるような位置に来たときに生じる。惑星を見つけるときにも、それと同じ原理を適用できる。

宇宙の彼方にある、惑星を従えた恒星を思い浮かべてみよう。さて恒星のまわりを周回する惑星が、地球とその恒星を結ぶ「視線」を完全にさえぎる位置に来たとする。これは、日食が生じるときに月が地球と太陽のあいだに割り込んで来るのと同じように、系外惑星が地球とその恒星のあいだに割り込んで来ることを意味する。そして惑星が地球と恒星のあいだに割り込んで来るたびに、その恒星から発せられる光の一部がさえぎられる。だから地球上から観察すると、恒星はほんのわずかにかげるように見える。

惑星が恒星の前面を横切ることを、天文学者は「トランジット」と呼ぶ。系外惑星が恒星をトランジットするのを観察するためには、超高精度の光検出器が必要になる。星間距離を隔てて太陽を観察している異星人は、木星が太陽の前面を横切るとき光が一パーセントほどかげるのを検出するだろう。それが地球のトランジットなら、〇・〇一パーセントしかかげらない。このように精度が求められることの他にも問題はある。恒星は他の要因によって、系外惑星のトランジットと同じレベルで光の変化を自然に生み出す場合がある。強力な磁場によって引き起こされる「スポット」と呼ばれる暗い領域は、自然な変化を引き起こす多数の要因の一つにすぎない。トランジットに基づいて惑星を探査する方法は、いかなるものであれ、測定と測定対象となる恒星の理解の両方において正確でなければ成功を見込めない。

一九七〇年代前半には、あまりにも長いあいだ精度の問題のベールに包まれてきたため、多くの科学者は系外惑星の探査を断念していた。加えて一九五〇年代から六〇年代にかけて、遠隔の銀河の研究など、天文学の他の分野が格段に進歩していた。そのような状況のもとでは、他世界の探査は袋小路につき当たったかのように思われていた。

「一九九〇年代前半、人々は惑星探査を推進する少数の研究者を見下していた」と、ある科学者は回想している。「彼らに悩まされるのを怖れ、わざと避けて歩くNASAの高官もいた。彼らにとってはむずかしい時期だった(2)」

だが、惑星探査の運命は変わろうとしていた。系外惑星の真剣な探査に向けての第一歩はすでに一九七〇年代中盤に踏み出されており、その試みは地球外知的生命体の探査に関するフランク・ドレイクの問いに動機づけられていた。

答えに至る道

地球外文明に関するフランク・ドレイクとカール・セーガンの公的な議論は、地球外知的生命体探査（SETI）をめぐる科学的な基盤を確立した。しかし探査それ自体は、新世代の科学者を必要とした。その筆頭が、ジル・ターターだ。

ドレイク同様、ターターはコーネル大学の基礎工学プログラムで科学の研鑽を積んだ。しかしカリフォルニア大学バークレー校の大学院を修了する頃には、SETIに専念することを決意していた。[3] 長きにわたる際立った経歴を通じて、彼女は世界中の電波天文台で観測プログラムを遂行した。また、NASAのSETIプログラムにも参加し、SETI協会のバーナード・M・オリバー・チェア〔SETIに大きな貢献をした研究者に与えられる名誉職〕を与えられている。[4] 彼女は、地球外文明をめぐる問いと系外惑星をめぐる問いが、いかに収斂するかについて身をもって理解していたのである。

一九七〇年代、SETIに対する多大な貢献を認められたターターは、精度と惑星探査の問題が真剣に取り上げられた一連の会合に出席するようになる。彼女の言葉によれば、「一九七〇年代前半の時点では、惑星を発見する技術は存在していませんでした。だから天文学者たちが集まって、何が障害なのか、そしてそれをいかに克服すればよいのかを解明しなければなりませんでした」。[5] この目標を念頭に置いて、一九七五年にサンノゼのNASAエイムズ研究センターでワークショップが開かれ、そこで初めて、SETI技術の一般的な問題が取り上げられた。このワークショップは、地球外文明からのシグナルを探査する戦略にその焦点を置いていたが、参加者は、ドレイクの方程式の各項を独立して探究する必要があるという点で見解が一致していた。その際、ドレイクの方程式の項のなかで最重視されたのは、惑星をともなう恒星の割合と、ハビタブルゾーンに位置する惑星の割合であった。[6]

「最初のワークショップはやがて、惑星探査の方法にはっきりと焦点を絞る、他の二つのワークショップへと発展していきました」と、ターターはインタビューで私に語ってくれた。彼女は次のように続ける。「一九七八年に（エイムズで）ある会合が開催されました。そのときが、さまざまな惑星探査の方法のなかでも、どれがもっとも有望なのかが詳細に検討された最初の機会でした」

この会合の記録を参照すると、議論のほとんどは、シーが用いたアプローチである位置天文学的な天空のマッピングに焦点を置いていることがわかる。また、リフレックスモーションの検知に基づく方法も、詳細に論じられている。さらには惑星からの光を観測するという直接的な検知も、議題に上がっている。[7] しかし、惑星の前面通過による光量の低下を測定するトランジット法は、報告に記載さえされていない。のちに、この排除は皮肉な結果をもたらしたことが明らかになる。

すべての方法に大きな問題があることが確認されているが、報告は、「他の惑星系の頻度や分布に関するわれわれの確信が増していく見込みは大きい」という建設的な見解で結ばれている。[8] のちに技術面をより詳細に検討するために、NASAが主催するSETI関連の別のワークショップが、メリーランド大学に設けられた。

ターターは私に次のように語ってくれた。「（二回目の）会合を終えたとき、参加者は何が可能なのか

図 14　天文学者でＳＥＴＩの研究リーダーのジル・ターター。

に関して一つの感触を抱くことができました。リフレックスモーション法は、技術さえ確立できればとりわけ有望だと見られていました。大勢の参加者がほんとうに興奮していたと思います[9]」

しかし、誰もが満足していたわけではない。トランジット法はメリーランド大学での会合で取り上げられてはいるが、見通しは暗いと見なされていた。報告では、次のように結論されている。「このワークショップは、他の惑星系を発見する試みにおける、光度測定による（トランジット法に基づく）研究の役割も検討した。それによって、これまでの研究の結論、すなわち光度測定による研究は実用にならないという結論を支持する結果が得られた[10]」

この結論は、一人の粘り強い科学者にはとても納得できるものではなかった。ターターは述べる。「ビル・ボルッキという名のＮＡＳＡに所属する若い科学者がいました。他の誰もがトランジット法の未来は絶望的だと考えていたのに対し、彼は非常に明るいと考えていました。ボルッキは他の誰もが間違っていることを証明しようと決意したのでしょう」

三〇〇〇年にわたる問いの没落

一九九五年、フィレンツェで行なわれた天文学会議で、スイスの科学者ミシェル・マイヨールは聴衆のあいだを通って演壇に立った。出席していた他の天文学者たちは、室内を見回して、なぜ撮影チームが入ってきたのだろうかと訝(いぶか)った。マイヨールが画期的な爆弾発言をしたのはそのときであった。彼とパートナーのディディエ・ケローは、他の恒星を周回する惑星の存在を示す確たる証拠をつかんだのだ(11)。少なくとも太陽系という点では、私たちの世界は唯一ではなかったのである。

エイムズとメリーランド大学で会議が開催されてから一五年後、リフレックスモーションを利用した探査の実現を妨げていた障害が克服された。アメリカでは、天文学者のジェフリー・マーシーとポール・バトラーが、一連の近傍の星を監視するためのさらに高感度の装置を考案し、世界でもっとも装置の完備した惑星探査プログラムを実施していた。

だがマーシーとバトラーは、他の太陽系が私たちのものに似ていると想定していた。木星の軌道と同程度の大きさの軌道を周回する木星大の惑星の存在を示す徴候がデータ上に現われるまで、何年もの追跡が必要だと考えていたのだ(木星は一二年かけて太陽のまわりを一周する)。ヨーロッパの研究者であるマイヨールとケローは、近接連星の発見を目指す観測プログラムを遂行していた。彼らは幸運にも惑星を発見できたのだが、自分たちが何を発見したのかを見通す洞察力も持ち合わせていた(12)。

マイヨールとケローは、地球から五〇光年（一光年は六兆マイル［九・六兆キロメートル］に相当する）の位置にあるペガスス座五一番星を周回する惑星を発見した。ペガスス座五一番星bと呼ばれるこの惑星は、大きさは木星に相当するが、ペガスス座五一番星を四日で周回している。この事実は、ペガスス座五一番星bが、太陽系のもっとも内側の惑星である水星から太陽までの距離のおよそ一〇分の一しか、ペガスス座五一番星から隔たっていないことを意味する。[13] ところが、太陽系というシステムを考えるにあたり、小さな軌道を回る巨大な惑星などという存在は天文学者の念頭になかった。

アメリカでは、マーシーとバトラーが、ただちにその種の小さな軌道を持つ惑星を探し始めた。その結果が得られるまで長くはかからなかった。マイヨールがフィレンツェで講演してからわずか数か月後に開かれた記者会見で、マーシーとバトラーは、木星大の惑星を二つ発見したと報告したのである。[14]

このように、ペガスス座五一番星bが発見されたあと、続々と新たな惑星の発見が報告され始める。系外惑星発見の衝撃が和らぐと、天文学者たちは新たな世界の一覧（センサス）を築く仕事に取りかかった。

しかし依然として真の目標は、水やおそらくは生命が地表に存在する可能性のある、ハビタブルゾーンに位置する地球大の惑星を探査することにあった。地球の質量は、太陽の三〇〇分の一しかない。この事実は、地球大の惑星の探査には、さらに高い観測精度が求められることを意味する。リフレックスモーション法には、高度な観測精度の必要性に加え、一度に一つの恒星しか対象にできないという問題がある。喉から手が出るほどデータが欲しかった天文学者が必要としていたのは、高い精度で惑星をまとめて発見するための方法だった。この限界は、自分の考えが否定されるのを甘んじて受け入れるつもりのない、一人の頑固な男によって破られる。

ビル・ボルッキは、宇宙探査機の熱シールドの物理の研究に携わってきたNASAのベテラン科学者であった。一九七〇年代後半、彼は専攻分野を変えることを決意する。惑星探査の問題は、彼が好むたぐいの技術的な挑戦を与えてくれたのだ。そして、メリーランド大学での会合でトランジット法による惑星探査が却下されると、彼はその方法が有効であることを証明しようと決意する。今ではよく知られた一九八四年の論文で、彼と共著者は、恒星による光の出力の微細な変化を検知する高精度の装置を設計するための基本的な枠組みを提案している。一九九二年になると、彼はそれと同じ技術を惑星探査に用いる宇宙望遠鏡〔宇宙空間に打ち上げられた天体望遠鏡〕の開発を提案する。[15]

NASAはボルッキの提案に関心は示したものの、彼の方法がうまくいくとは考えていなかった。彼は、自分の提案が拒絶されたことにもめげず、NASAの懸念を系統的に晴らしていくことに取り組み始めた。自分の提案するシステムが、目標を達成できることを示すために、安上がりのプロトタイプを製作した。かくして何か月も苦労を重ねたあと、彼の設計は、自分の主張どおりに機能するようになった。一九九四年、ボルッキは宇宙望遠鏡に基づく案を提起するのに必要な書類を数か月かけて書き上げた。だが、この案は再び却下される。

今回の却下では、一回目のときとは異なる懸念が出された。この新たな懸念は、一度に多数の星を対象に、トランジット法による検知を行なえるとするボルッキの主張に関するものであった。彼は再び資金をかき集めて、あらゆる反論に答えるために尋常ならざる努力を払い、その四年後に、彼と彼が率いるチームは、新バージョンの案を提出した。しかし提案は、またしても却下される。[16]

分別のある人間なら、その時点であきらめたことだろう。だがこの点に関して言えば、ボルッキに分別はなかった。彼は、自分が正しいことを知っていた。トランジット法が画期的なものになるであろうことも知っていた。だから彼の眼中には前進することしかなかったのだ。

やがてボルッキは勝利を手にする。二〇年以上一つのアイデアの実現に向けて努力し、科学的に不確かであるとして何度も却下されたあと、ついに彼の提案は受け入れられた。ケプラーミッションと呼ばれるようになる彼の計画に青信号が灯ったのである。[17]

ケプラーは、天空の一部を凝視するよう設計されている。そして、この小さな天空の区画の内部で、およそ一五万六〇〇〇個の星が注意を向けるに値するものとして評価された。[18] ケプラーは、一連の同じ星を、来る週も来る週も、来る年も来る年も、辛抱強く観測し続ける計画だった。周回する系外惑星のはっきりとした徴候を割り出すのに十分なほど、トランジット、つまり光の出力量の低下を示すデータを集めるには忍耐が必要だったのだ。

二〇〇九年三月六日、ケプラー望遠鏡はデルタⅡロケットに乗せられ宇宙に向かって打ち上げられた。[19] 打ち上げは完璧だった。自分の提案を何年も却下されたあと、ボルッキと彼のチームは宇宙の最前線を凝視しながら、一〇年越しの計画がどの程度うまくいくかを見極める覚悟を固めていた。それを知るのに長く待つ必要はなかった。

一〇年前にボルッキのチームに加わったNASAの天文学者ナタリー・バターリャは、次のように回想している。「ケプラーからデータが入り始めるとすぐ、私たちはトランジットを確認することができました。光量の低下がくっきりと示されていたのです。文字どおりオフィスにすわってデータのなかにトランジットを見つけ、新たな惑星を発見していったのです」[20]

ケプラーのデータによって最初に系外惑星が検知されたのは二〇一〇年一月のことだったが、それはもっとも重要なニュースではなかった。それとともに、数千の「候補」が見つかったのである。それらの候補は、真の惑星の検知としてまだ確証されていない光量の低下を示していた。かくも多数の候補を見出したケプラーチームは、いわば宇宙の福袋の前にすわっていたとも言えよう。そして二〇一四年、この福袋は大きく開かれる。その年ケプラーチームは、たった一度の発表で七一五個の系外惑星の発見を報告したのだ。[21] かくして、一括した惑星探査は現実のものになった。二〇一五年までに、ケプラーと他の方法を合わせて、天文学者が詳しく調査できる一八〇〇の新たな世界が発見されていた。[22]

系外惑星の一覧が長くなるにつれ、最初のもっとも重要な結論として、他の太陽系の構造が、私たちのものとはまったく異なり得るという認識が得られるようになった。

地球上で暮らす私たちは、太陽の近くを周回する小さくて岩の多い世界と、遠方の軌道を周回する、より大きな巨大ガス惑星(ガスジャイアント)の世界という、私たちの太陽系が持つ整然とした構造を学んできた。最初に発見された系外惑星ペガスス座五一番星bは、その構造が普遍的なものではないことを示した。この惑星は、いわゆる「ホット・ジュピター」、すなわち何らかの原因で法外に小さな軌道を周回するようになったガスジャイアントである。小さな周回軌道を持つ大きな惑星は、リフレックスモーション法によって発見しやすい。だから系外惑星の一覧には、ホット・ジュピター型の惑星が次々に加えられていった。また、親星から遠く離れた軌道ではなく、地球の軌道と同じくらいの大きさの軌道を周回する木星大の世界もたくさん見つかった。

やがて、親星の近くに位置する別種の惑星が発見され始める。「ホット・ネプチューン」や「ホット・アース」だ。内側の岩の多い世界と、外側のガスジャイアントという構成は、明らかに自然が惑星の家族構成として作り出した唯一の様式ではない。ホット・ジュピターを持つシステムは、「風変わりな」太陽系のもっとも劇的な例ではあるが、驚くべきシステムは他にも存在する。たとえば、小さな岩の多い世界のみで構成されるシステムもあり、そのようなシステムは私たちの基準からして非常に風変わりに思える。

「大きな驚きの一つに、私たちが発見し〈コンパクト・マルチ〉と呼んでいるものがあります。これは、密接して集団をなす一連の惑星から成る惑星系を言います」と、バターリャは述べる。[23] 私たちの太陽系では、地球と金星がもっとも近い距離にあり、最接近したときには二五〇〇万マイル［四〇二三万キロメートル］まで近づく。それでも金星に到達するには数か月かかる。だが、コンパクトな惑星系、たとえばケプラー四二では、三つの惑星の軌道が著しく狭い範囲に詰め込まれている。これらの世界は、金星と地球が最接近した場合より、一〇〇倍ほど近くまで互いに接近する。[24] ケプラー四二のどれかの世界に住んでいたら、一九六九年に人類が月に最初の一歩をしるした際に使われたたぐいの宇宙船でさえ、隣の惑星まで一週間程度で到達できるだろう。

驚くべきは、惑星系の構成だけではない。「私たちの太陽系には存在さえしない、さまざまなタイプの惑星を発見しました」と、バターリャは言う。地球と海王星のあいだの質量を持つ惑星は、私たちの太陽系には存在しない。実のところ、これら二つの惑星の質量の差は相当に大きい。というのも、海王星は気体と氷の巨大な混合体であり、地球の一四倍の質量を持つからである。言い換えると、地球と海王星は非常に異なるタイプの惑星だということだ。しかし系外惑星に関する革新的な研究が成熟の度合いを増してくると、天文学者たちは、地球と海王星のあいだの質量を持つ、「スーパー・アース」と呼ばれる世界を続々と発見し始める。そして、私たちの太陽系には存在さえしない、この新種の惑星が、広大な宇宙では非常にありふれたものであることが、すぐに明らかになる。[25]

バターリャは次のように言う。「それらの世界が、どのような姿をしているのかさえわかっていません。岩の多い世界もあるでしょう。あるいは、水蒸気に満ちた大気に包まれ深い海洋を持つ水の世界もあることでしょう。岩と氷とガスが混合した世界もあるはずです。さまざまな可能性が考えられます」

一般的な発見以外にも、信じられないほど風変わりな発見があった。たとえば地球から四三四光年離れた「スーパー・サターン」J1407Bがあげられる。このガスジャイアントの周囲の輪は、土星を取り巻く薄い輪の二〇〇倍遠方まで広がっている。[26] また四〇光年先にある、かに座五五番星eは、直径が地球の二倍しかないにもかかわらず、質量はほぼ八倍もあり、そのため密度がきわめて大きく、ダイヤモンドでできた惑星である可能性も考えられる。[27] WASP―12bという不気味な名前の「ホット・ジュピター」も見落とせない（「wasp」はスズメバチの意）。この惑星は、気温が華氏四一〇〇度［摂氏二二六〇度］近くに達し、これまで発見された系外惑星のなかでは、もっとも熱いものの一つである。WASP―12bの周囲には、この惑星が煮立って、奔流のごとく気体が蒸発することでできた残骸が観察されている。[28]

だがもっとも重要なのは、ホット・ジュピターでもスーパー・サターンでもスーパー・アースでもない。発見された惑星の総数が、系外惑星革命を非常に重要なものにしているのだ。二〇一〇年代の初頭になってようやく、人類はついに、真の意味で自分たちが孤独ではないことを学んだのである。宇宙には他の世界が存在する。それと同様に重要なのは、系外惑星の十分なセンサスが得られたことで、ドレイクの方程式の最初の三項が十分に解明されたことだ。この進展によって、惑星に関する問いのみならず、地球外文明に関する問いでさえ、まったく新たな光のもとで見ることができるようになった。

ドレイクと系外惑星革命

ドレイクの方程式の最初の項（N_*）は、恒星が誕生する割合を表している。この項は、一九五〇年代後半以来、ある程度の正確さをもって知られており、それ以後の研究は、その数値（一年におよそ一個）を精緻にしたにすぎない。[29] しかし一九六一年にドレイクがこの方程式を提起したとき、惑星をともなう恒星の割合を表す第二項（f_p）と、ハビタブルゾーンに位置する惑星の数を表す第三項（n_p）は、誰にもわからなかった。ケプラーのデータに基づく研究や、他の系外惑星研究が本格化すると、科学者たちは、それらの項に意味のある値、言い換えると統計的に有意な値を与えるに十分なデータを手にするようになる。

この進展の意義は、天空に関する私たちの経験を変えるに十分なほどきわめて大きい。まず惑星をともなう恒星の割合から始めよう。二〇世紀前半、天文学者たちは惑星の形成がまれなできごとであると、つまり惑星を擁する恒星の数が非常に小さいと考えていたことを思い出されたい。しかし二〇一四年には、f_pがおよそ1であるとする合意が得られた。[30] つまり、夜空に輝く星のほぼすべてが、少なくとも一個の惑星をともなっていることになる。

今度夜空を見上げて星が放つかすかな光を眺めるおりには、この結果が示す意義を考えてみよう。夜空の星の一つ一つが少なくとも一個の惑星をともない、ほとんどの星が複数の惑星をともなっているであろうことを。恒星が惑星をともなうのはルールであって例外ではない。太陽系は至るところに存在するのだ。

ケプラー宇宙望遠鏡の登場によって、天文学者たちは各恒星のハビタブルゾーンを周回する惑星の平均数に関して確固とした結論を導き出せるようになった。ハビタブルゾーン（ゴルディロックスゾーン）とは、惑星表面に水が存在し得る軌道の帯域であることを思い出されたい。これは、「ハビタブルゾーンの範囲内にある惑星は、雨と川と海洋で構成される世界、すなわち生命を育む潜在力を秘めた世界であり得る」ことを意味する。私たちの太陽系のハビタブルゾーンには、地球と火星という二つの惑星が存在し、どちらの世界でも、水が地表を奔流となって流れていたことがある。

系外惑星のデータをもとに、天文学者たちは「五つに一つの星が、私たちの知る生命が誕生し得る世界を宿している」と自信を持って言えるようになった。[31] というわけで、今度戸外で夜空を眺めるときには、五つの星を無作為に選んでみよう。するとそのなかの一つは、液体の水が表面を流れ、生命がすでに存在する可能性のある、ゴルディロックスゾーンに位置する世界をともなっているかもしれない。

これら二つの数を特定することの重要性は、いくら強調しても強調しすぎにはならない。たった一世代の天文学者たちの努力によって、解明されたドレイクの方程式の項がそれまでの二倍に増えたのだから。闇が光に、無知が知識に変わったのだ。

そう、地球外生命体は存在していたのだろう

だがこれらの数をはじき出した宝の山のようなデータは、技術文明を築き上げる能力を持った生命を宿す他の世界の存在可能性について何を教えてくれるのだろうか？　そのような文明が存在することを示す証拠は、現時点ではまったく得られていない。系外惑星革命で得られた知見をもとに、地球外文明に関して何かを言えるのだろうか？　二〇一五年にウッディ・サリバンと私は、まさにこの問いの解明に着手した。

サリバンと初めて出会ったのは、私がワシントン大学で物理学を専攻する大学院生だった一九八〇年代後半のことだった。彼は細身で背が高く、屈折したユーモアのセンスを持ち、日時計と野球（シアトル・マリナーズ）に情熱を燃やしている。とりわけ重要なのは、彼がＳＥＴＩに揺るぎない関心を抱く電波天文学者であることだ。私が大学院生だった頃、彼は地球外文明に関する問いに取り組む唯一の教員だった。当時は、ＮＡＳＡが宇宙生物学に資金を真剣に投じるようになるよりかなり前、また、系外惑星革命が始まる一〇年ほど前だった。一九八〇年代、ＳＥＴＩとそれをめぐる宇宙生物学の環境は、少しばかり「普通ではない」と多くの人に見られていた。しかしウッディは、まったく気にしていなかった。彼はそれに関心を抱き、そこにはなし遂げなければならない科学があると考えていた。だから前進し続け、そのテーマに関して何本かの重要な論文を書いていた。

私はかつて、ウッディが「宇宙の生命」という講座を担当するのを手助けしたことがある。彼は物理法則の本質から他の世界における生命の存在の可能性に至るまで、あらゆるテーマを扱う講座を開いた

のである。彼の見方は包括的で想像的だった。私はその講座に関与できて嬉しく思っていたし、彼の見方は、以後数十年間私の考え方に影響を及ぼし続けた。彼と私が地球外文明について初めて話し合ったのもその頃のことだった。そのときの会話は、私が宇宙生物学に直接関与し始める以前でさえ、私に影響を与え続けた。

二〇一四年、ウッディと私は、系外惑星に関して新たに得られたあらゆるデータを駆使すれば、他の世界の技術文明に関して、何がしかの結論を引き出せないか思案していた。最初に系外惑星が発見されて以来の驚くべき進歩は、好条件にならないはずがなかった。宇宙における人類の独自性に関するドレイクの問いに答えるために、それによって得られた知見を利用する方法はないものか？　その方法はあることをこれから見ていくが、それを検討する前に、まずドレイクの方程式を再構成する必要がある。

ドレイクは彼のよく知られた方程式を、「現在、いくつの地球外文明が存在しているのか？」という単純な問いに基づいて構築した。彼がこの問いに焦点を絞った理由は、彼の真の関心が、地球外生命体が発するシグナルを探知することにあったからだ。彼の方程式が意味を持つためには、宇宙のどこかに地球外生命体が存在し、（比較的）現在、電波を発していなければならない。しかしウッディと私は、自分たちが考えているような方向で進歩を遂げるためには焦点を変えなければならないと認識していた。つまり系外惑星に関して得られたデータをもとに答えられるような問いを立てる必要があった。こうして立てたわれわれの問いは、もとのドレイクの問いとわずかに異なるだけだったが、このわずかな違いは、結果という点で大きな意味を持つことになった。この新たな問いとは、「宇宙の全歴史を通じて、いくつの地球外文明が存在してきたのか？」である。

われわれはこのアプローチを採用することで、観測データに基づく数値に基づいて地球外文明の存在を問うという戦略をとることができた。われわれはまず、ドレイクの方程式で天文学に関する項を一つにまとめた。それらの値はすべて知られていたので、この作業は簡単だった。次にドレイクの方程式で、生命に関連する可能性を問う未知の三項（f_l、f_i、f_c）について考えを改めることにした。それらに関しても個別に扱うのではなく、一つにまとめることにしたのだ。われわれの関心は、生命の起源から先進文明に至るプロセスの全体にあった。そしてこの新たにまとめた項を、「生命と先進技術の出現可能性（bio-technical probability）」と呼び、f_{bt}として表すことにした。具体的に言えば、この項は、ドレイクの方程式の生命関連の項をすべて掛け合わせて得られた積になる。ちなみに数式では、「$f_{bt} = f_l f_i f_c$」と表現できる。

最後に、地球外文明の総数を現在存在しているものに限定するのではなく、これまでに存在してきたものすべてとして定義することで、われわれは文明の平均寿命の問題を取り除いた。地球外文明の存続期間が、人類文明と時間的に重なっているかどうかを無視することにしたのである。それは重要ではなく、宇宙の全歴史において特定の時点で存在していればよかった。こうしてわれわれは、文明の平均寿命を示す、至って面倒な最終項Lを無視することができるようになった。

われわれは、以上のアプローチを採用することで新たな形態の簡素化されたドレイクの方程式を考案した。これは、数式では「$A = f_a f_{bt}$」と表現できる。

新バージョンの方程式の左辺（A）は、これまで存在してきた文明の総数を表す。われわれはこの「A」を、「考古学（Archaeology）」の略として考えていた。というのも、一風変わったあり方ではあれ、次のような意味で一種の考古学に関心を抱いていたからである。われわれは宇宙の全歴史を対象にしていたので、対象となる文明のほとんどは、とうの昔に滅亡していると考えられた。しかし重要だったのは、何らかの文明が宇宙の歴史のある時点で、広大な宇宙のどこかに存在したかどうかという点であった。その意味において、われわれがとったアプローチは考古学的と見なせるのだ。われわれの考えでは、ケプラーのデータは、たった今何が起こっているかより、かつて何が起こったかについて多くのことを教えてくれるはずであった。

f_aは、もとの方程式の天文学関連のすべての項をまとめたものである。重要なのは、それらすべての項の値がすでに知られているので、f_aも決定できることだ。残るは、生命関連の可能性を問う未知の項、「生命と先進技術の出現可能性f_{bt}」である。だからわれわれは、その探究に専念した。

Lを省略し、系外惑星に関する新たなデータを用いてドレイクの方程式を作り変えることで、きわめて具体的で、科学的に意味のある形式によって新バージョンの方程式を表現し、地球外生命体の存在の可能性を問い直すことができると、われわれは考えた。新たな問いは次のようなものになる。「人類文明が自然の生み出した唯一の文明であると仮定した場合、ハビタブルゾーンを周回する惑星の〈生命と先進技術の出現可能性〉は、どの程度でなければならないのか？」

要するに、宇宙の全歴史を通じて誕生した文明が人類文明のみである確率はどのくらいなのかということだ。系外惑星のデータに基づいて、私たちはこの値を一〇のマイナス二二乗、すなわち一〇〇億×一兆分の一と見積もった[32]「したがって銀河系のみを対象としているドレイクの方程式とは異なり、全宇宙を対象にしていることに留意されたい」。そして以下の理由によりそれを「悲観主義的限界」と呼んだ。私にとって、この数値の意義は非常に大きい。

悲観主義的限界をどうとらえるべきかを検討するために、ゴルディロックスゾーンに位置する系外惑星が入った大袋を手渡されたところを想像してみよう。文明の構築に成功した生命が人類だけであるのは、たとえて言えば、この大袋から一〇〇億×一兆個の惑星を取り出しても、文明を発達させた惑星が一つも見つからないケースに等しい。そのように言えるのは、ケプラー宇宙望遠鏡が、宇宙にはゴルディロックスゾーンに位置する惑星が一〇〇億×一兆個存在するはずであることを、私たちに示してくれたからだ。したがって、実のところ悲観主義的限界は、人類文明が宇宙史上唯一の文明であるためには、文明構築の可能性が途轍もなく低くなければならないと語っていることになる。

一〇〇億×一兆個の惑星というのは、何も発見せずに済ませられるような数ではない。単にその途轍もない数だけでも、人類が文明を構築した宇宙史上初の生命ではないと思わせるに十分だ。比較のために、雷に打たれて死ぬ確率を考えてみよう。たいていの人はそんなことは起こりそうにないと考えているのかもしれないが、任意の年に、あなたが雷に打たれて死ぬ確率は、およそ一〇〇〇万分の一ある。しかし悲観主義的限界によって示される数値に基づけば、あなたが雷に打たれて死ぬ確率は、人類文明が宇宙史上唯一の文明である確率の一〇〇〇兆倍大きいことになる。文明の進化を妨げる方向へと、自然がかくも偏っていることなどあり得るのか？　そこまで偏ってはいないはずだ。それとも私の考えが間違っているのだろうか？

「現在、いくつの地球外文明が存在しているのか？」というドレイクの問いには依然として答えられない。しかし、文明がこれまでに起こった可能性の限界をめぐる問いには答えられる。その可能性が悲観主義的限界以下になるよう、自然の進化のプロセスが進展するのなら、確かに人類文明が、かつて存在した唯一の、エネルギー集約的な技術文明であることになろう。しかし「生命と先進技術の出現可能性」に対応する値が、一〇〇億×一兆分の一より大きいのなら、人類文明は宇宙史上初の文明ではないことになる。

　われわれの論文が『アストロバイオロジー』誌に発表されたあと、私は『ニューヨーク・タイムズ』紙の論説カラム（オプ・エド）に、われわれが得た結果について書いた。すると同紙は、「そう、宇宙人（エイリアン）はいたのだ」という見出しをつけてその記事を掲載した。数日間、私のもとにはCBSのような大手メディアから熱心なUFO研究家たちが運営する小さなウェブサイトに至るまで、さまざまな団体からインタビューの申し込みが押し寄せてきた。紙面の見出しが、本来われわれが意図していた「そう、宇宙人はおそらく存在していた」であったなら、私にコンタクトしてこなかった団体もあっただろう。しかしいずれにせよ、われわれが得た結果は、論議を巻き起こさざるを得なかった。批判は、綿密に検討する価値があった。というのも、悲観主義的限界を正しく解釈することは非常に重要だったからである。

　つまるところ私たちの目標は、宇宙生物学と他の惑星における生命の研究が、気候変動や人類の文明プロジェクトの理解にいかに役立つかを見極めることにあった。それにあたり、悲観主義的限界は、他の星を背景として私たちの文明プロジェクトを見ることを可能にする重要な線引きになる。しかしその目標の達成にあたって、悲観主義的限界が何に使えるのかを真に理解するためには、それが何に使えないのかを理解しておく必要がある。

批判

われわれの論文（と『ニューヨーク・タイムズ』紙のオプ・エド記事）に対して出された主たる反論の一つは単純で、「人類文明が宇宙史上で唯一の文明である確率が低かった（一〇のマイナス二二乗であった）としても、そのことは、人類文明以前に地球外文明が存在していたことの証明になるわけではない」というものだ。この反論は、『アトランティック』誌科学部門の編集者ロス・アンダーセンと、『フォーブス』誌に記事を書いている天体物理学者イーサン・シーゲルによって出された。[33]秀でた思考力を持つ二人の批判は豊かな洞察に富み、ウッディと私が探究しようとしていたテーマにおける主たる問題に鋭く切り込んでいる。とりわけ彼らの懐疑は、われわれが論文で提起した見方についてもっとよく考えるよう促してくれた。それに対して感謝の言葉を述べたい。

アンダーセンがとりわけ問題にした論点が一つある。それは、私が『ニューヨーク・タイムズ』紙のオプ・エド記事に書いた次のような文章に関するものである。「宇宙史上のどこかの時点で、先進地球外文明が存在したことを疑うのに必要な悲観主義の程度は、ほとんど非合理的なレベルに達する」。[34]この一文に対する彼の批判は正しい。悲観主義的限界が存在するとしても、人類文明が宇宙史上で唯一の文明であると考えることは、「非合理的」ではない。ウッディと私ができる唯一の実証的に妥当な主張は次のようなものであった。「われわれは悲観主義的限界がどこに存在するかを確言することができる。だが現在手にしているデータの範囲内で言えば、〈生命と先進技術の出現可能性〉に対応する値が、一〇のマイナス二二乗以下であると論じることは合理的に可能である」

また、「生命と先進技術の出現可能性」の個々の項目に割り当てられた値に対する懐疑もあった。単純な生命形態が誕生する可能性すら低すぎ、まして文明の構築などあり得ないという批判もあった。あるいは真に可能性が低いのは、生命が知性を発達させることであろうという見解もあった。しかしこれらの考察は、われわれが得た結果を変えはしない。「生命と先進技術の出現可能性 f_{bt}」は、ドレイクの方程式の生命関連各項の値が小さいとしても、生命関連各項の値がおそらくは小さいであろうという事実を糊塗するものではない。言い換えると、われわれは生命関連各項の値がおそらくは小さいであろうことを無視して、悲観主義的限界を決めたのではなく、それらの各項を一つにまとめたのである。このアプローチは、生命発生から技術文明の構築に至るまで、進化の全プロセスを一度に扱えるようにする。個々のステップがいかにあり得そうに思えなくても、顧慮すべきポイントは地球外文明が存在する総体的な可能性なのであり、悲観主義的限界はまさにそれを表現している。

われわれが、得られた結果を悲観主義的限界と呼ぶのは、相応の理由があってのことである。地球外生命体をめぐる論争の全歴史は、楽観論者と悲観論者の論争に満ちている。アリストテレスとエピクロスの論争を嚆矢とし、一九世紀を通じて拡大されフラマリオンとヒューウェルの論争に至り、ドレイクの方程式で現代的な意味を付与され、それによって楽観論者と悲観論者の論争は数をめぐるものになった。

一九六一年に開催されたグリーンバンク会議以来、多くの科学者は、地球外文明がまれな存在であると主張してきた。しかし「まれ」が、いったいどの程度まれなのかが明言されることは、めったになかった。少し調べてみれば、自称悲観論者の言う「まれ」の多くが、われわれが提起する悲観主義的限界よりはるかに頻度の大きなものであることがわかるだろう。だから論争の歴史を無視することはできないのだ。

ドレイクの方程式が世に出たあとでなされてきた議論を眺めてみると、楽観主義にはつねに明らかな上限があることがわかる。生命はつねに誕生する（つまりf_lに1を設定する）と主張する以上に、地球外生命体に関して楽観的になることはできない。同じことは、ドレイクの方程式の、他の生命関連の項にも当てはまる。これらの項に1を割り当てることはできない。知性の進化（や先進技術の発達）の可能性に1より大きい値を割り当てることは、ハビタブルゾーンに存在するあらゆる惑星が、知的な技術文明をやがて築くことになる生命を生むと言うに等しい。

しかし悲観主義に関しては、話が異なる。可能性が小さいとは、どれくらい小さいのだろうか？ドレイクの方程式の用語で表現するとして、地球外文明に関して真に悲観的であるには、どの程度悲観的であればよいのか？そうウッディと私は問うた。そして、それに対するわれわれの答えは、真の悲観主義の境界を示す限界値を規定したのである。自然が、われわれが提起した「一〇〇億×一兆分の一」という限界値より小さい値を「生命と先進技術の出現可能性」に与えたのなら、観察可能な宇宙の歴史上、人類文明だけが先進技術を発達させた文明であることになる。その場合、人類は掛け値なしに、宇宙にあって真に底知れず孤独な存在であることになろう。しかし、進化の力によってその値が悲観主義的限界より大きくなるのなら、地球上で起こったできごとは、かつて宇宙のどこか別の場所でも起こっているはずだ。

もちろん、私たちは自然が何を選択したのかを知らない。だが、地球外文明や人類の運命を考えるにあたって次にとるべきステップを見極めるために、われわれが提起した悲観主義的限界と、悲観論者が提起する「生命と先進技術の出現可能性」をめぐる主張を比べてみることならできる。

悲観論者#1 エルンスト・マイヤー

地球外文明悲観論者の筆頭にあげられるのは、ドイツ出身の高名な進化生物学者、エルンスト・マイヤーだ。マイヤーは、ダーウィンの古典的な考え方とDNA発見以後の遺伝学の革命を結びつけることに重要な役割を果たした学者ではあるが、SETI、すなわち人類以外の知的生命体の存在をめぐるカール・セーガンの楽観主義を評価することは、決してなかった。一九九五年、惑星協会〔天文学関連の活動を行なっている国際的NPO〕は両者に、この問題に関して自分の見解を表明し、互いの批判に答える機会を与えた。マイヤーは、「生命と先進技術の出現可能性」に明示的な値を与えたことこそないが、彼の論文から悲観的な見積もりを引き出すことができる。[35]

マイヤーは、他の惑星における生命の形成に関しては疑いを抱いていなかった。宇宙のどこか別の場所に生命が存在する可能性に関して、彼は「SETIプロジェクトに懐疑を抱いている人々でさえ、そのほとんどはこの問いに楽観的に答えるだろう」と述べている。宇宙塵に生命の形成に必要な分子が検出されているため、宇宙のどこか別の場所に生命が存在する可能性が非常に高いことを認めていたのである。

しかし知性の発達に関しては、悲観主義が発動する。マイヤーは、地球の歴史を振り返りながら「(地球にこれまで存在してきたおよそ五〇〇億の生物種のうち) たった一種のみが、文明の構築に必要とされる知性を獲得した」と、また文明に至る知性に関しては「（過去一万年間に勃興した二〇以上の文明のうち）一つだけが、（……）宇宙にシグナルを送ったり、宇宙からシグナルを受け取ったりすることができるほど高度な技術を発達させることができた」と述べている。

このマイヤーの記述から、彼が「生命と先進技術の出現可能性」をどの程度に見積もっていたかを推測することができる。生命の形成が困難なステップであるとは見なしていなかったことから考えて、その部分の可能性に関しては、おそらく一〇〇分の一で満足したのではないだろうか。一〇〇回に一回起こるできごとを、「非常にまれ」とは言えないだろう。

地球上で進化した生物種の総数と、文明を発達させた生物種の数（すなわち1）に関する記述を考慮すると、単純な生命が誕生した系外惑星で知性が進化する可能性は、およそ五〇〇億分の一であると、マイヤーは言うであろう。この数値は確かに悲観的だ。最後に文明が高度なテクノロジーを発達させる可能性に関する記述からすれば、彼はそれを二〇分の一と見積もっていたと推定できる。誤差を考慮して、悲観主義に有利になるようこの値を一〇〇分の一としておこう。

これらの数値を掛け合わせると、マイヤーは、「生命と先進技術の出現可能性」が一〇〇〇兆分の一程度であると論じていたと見なせよう。この数値は確かに非常に小さい。彼が正しければ、先のたとえで言えば、大袋から一〇〇〇兆個の惑星を取り出してようやく、技術文明が一つ見つかることになる。銀河系には「たった」一〇〇〇億個の星しか存在しない点に鑑みると、マイヤー流の悲観主義に従えば、銀河系では人類は孤独であるということになろう。

しかし「銀河系では孤独である」という主張と、「宇宙史上で唯一の文明である」という主張は別だ。

マイヤーの悲観主義と、ウッディと私が提起する悲観主義的限界を比べてみれば、注目すべきことがわかる。

仮にマイヤーが主張する程度に文明がまれなものであったとしても、彼の言う「一〇〇〇兆分の一」と、悲観主義的限界の「一〇〇億×一兆分の一」のあいだには巨大な差がある。正確に言えば、彼が正しかったとしても、宇宙史上一〇〇〇万の先進技術文明が、どこかで誕生したことになる。つまり、自己に目覚めた生物種のストーリーが一〇〇〇万存在する勘定になり、一〇〇〇万の異なるバージョンの科学が、惑星の資源を利用し、文明を築き上げたことになる。そして一〇〇〇万の異なる文明の歴史が、長く存続してきたか、自己の選択のせいで崩壊したかのいずれかの道をたどってきたのだ。

想像力をはばたかせて、これら一〇〇〇万の文明のそれぞれの歴史を一時間思い描いてみようとすれば、その作業を完了するまでに一一四〇年かかるだろう。それが、マイヤーの考える悲観的な宇宙に存在する地球外文明の数なのだ。

悲観論者#2　ブランドン・カーター

一九八三年、物理学者のブランドン・カーターは、地球外文明に反対するきわめて巧妙な議論を提起した。カーターは、単純な観測結果を用いて、宇宙や宇宙において人類が占める位置に関して途轍もなく大きな結論を引き出したことで知られる。

地球外文明に関するカーターの見方は、地球上で知性が誕生するのにかかった時間が、太陽の年齢に近いという単純な観測結果に基づく。さらに言えば、地球はこれまで四〇億年間、居住可能(ハビタブル)な状態にあったが、太陽の温度が次第に上昇していくため、残りの居住可能期間は一〇億年程度にすぎない。そしてやがては、太陽があまりにも高温になって、地球の軌道はハビタブルゾーンからはずれるだろう。したがって、（人類が築いた）技術文明は、居住可能期間の終盤になって出現したにすぎない。このたった一つの事実をもとに、カーターは、知性が進化するには、一連の「困難なステップ」を通過しなければならないと主張する。彼にとって、これらの「困難なステップ」のそれぞれが、克服不可能に近いものなのだ[36]。

カーターは地球の進化の歴史を眺めて、酸素発生型光合成や多細胞生物の進化など、一〇の「困難なステップ」が存在すると主張する。彼はこの一〇の困難なステップを考察することで、われわれの提起する「生命と先進技術の出現可能性」にあたる地球外文明の可能性を計算し、一〇のマイナス二〇乗という数値をはじき出した。そして「この数値は、人類が達成した発達段階が観察可能な宇宙において唯一のものであることを証明するに十分だ」と主張した。

カーターの計算のすぐれた点は、それが「生命と先進技術の出現可能性」に対する明示的な数値を示したことにある。その数値は非常に小さく、彼にとっては、宇宙史上一度も人類文明以外の技術文明がどこにも誕生しなかったことを意味していた。

しかし、それはカーターがはじき出した数値が意味するところではない！　ウッディと私が見出した「生命と先進技術の出現可能性」とカーターが得た結果の比較は、一九八三年に彼が行なった計算でも一〇〇の地球外文明の存在を許容することを意味する。彼は、自分の計算が恐ろしく悲観的になることを意図していたが、それでも実際には楽観的だったのだ。カーターの議論でさえ、人類が最初ではないという注目すべき結論に至らざるを得ない。彼が正しければ、これまでに一〇〇の他の文明が、現在私たちが営々と行なっている文明構築のプロセスを遂行してきたことになるのだから。

つけ加えておくと、カーターの推論を支持してきた研究者たちは、困難なステップは、あっても五つしかないと現在では考えている。[37] カーターの論文にある他の数値と、この最近の考察を結びつけると、「生命と先進技術の出現可能性」は一〇のマイナス一〇乗になるだろう。この結果とわれわれの悲観主義的限界を比べれば、宇宙史上一兆の地球外文明が存在してきたことがわかる。一兆の地球外文明の存在を認めることは、悲観主義的とはとうてい言えない。

悲観論者#3　ヒューバート・ヨッキー

もちろん、超の上に超がつくような悲観主義的議論を繰り広げることは可能だ。ヒューバート・ヨッキーが一九七七年の論文で行ったのが、まさにそれである。ヨッキーは物理学者であり、情報理論の専門家でもあった。彼の議論は、ドレイクの方程式の生命関連の最初の項、すなわち系外惑星で生命が誕生する可能性に焦点を絞っていた。無作為な化学結合によって、生命の誕生を導くような自己複製能力を持つ分子が生み出される確率はいったいどれくらいあるのか？　そう彼は問う。それに対する彼の答えは、何と！　一兆×一兆×一兆×一兆×一兆分の一（一〇のマイナス六五乗）だ。[38] この数値は間違いなく、私たちの悲観主義的限界より小さい。ヨッキーの主張が正しいのなら、いかなるものであれ、生命が誕生した惑星は、宇宙史上地球のみであることになろう。

しかしその種の議論は、生命の出現をそれほど困難なものとは見なさない強い反論があるという事実によって釣り合いをとることができる。反論の多くは、最新の生物学の知見に基づく。たとえば生物学者ウェンタオ・マらは、コンピューターシミュレーションを用いて、最初の自己複製する分子が、（DNAに密接に関連する分子で細胞装置の必須の部分を構成する）RNAの短い鎖であった可能性があることを示している。つまりそのような分子は、ヨッキーが考えていたよりはるかに容易に形成し得るのだ[39]。また多くの科学者は、地球の形成からほどなくして生命が誕生した事実を、生命発生が極端に困難であるわけではないことを示唆する証拠としてとらえている。いずれにせよ、ヨッキーの超超悲観主義は、地球外生命体に関する議論のなかでも例外的な見解と見なせる。

大きな一歩

悲観主義的限界は、他の世界で文明が存在していたことを証明するものではない。人類文明と時間的に重なり合う他の文明によって送られたシグナルの探査に役立つわけでもない。それならば私たちは、それに基づいて何を言え、何をできるのだろうか？

ウッディ・サリバンと私が行なったのは、何よりも、系外惑星の科学を用いることで、リアルな観察結果によって有効性が裏づけられた重要な哲学的論点を指摘することだった。つまりそれは、現在流布しているものとは劇的に異なる方法で、宇宙における人類の位置や、人新世に突入することで生じる困難について考える方法を見出す糸口をつけるものであった。

ドレイクの方程式は、もっぱら地球外文明とのコンタクトを意図して考案されたものであるのに対し、私たちの視点は単純だ。系外惑星に関するデータは今や、人類文明以前にも多数の文明が存在していたという、道理にかなった議論を繰り広げることを可能にしている。悲観主義的限界は、他の文明の存在可能性を、これまで考えられていたよりはるかに大きなものと見なすに十分なほど低いという点に同意すれば、地球外文明について真剣に考えることには価値があると見なせるようになるはずだ。そしてこの一歩を踏み出せば、人新世の到来に直面するにあたり、特筆すべき洞察が得られるだろう。

話を続ける前に、あなたがその一歩を踏み出す必要は必ずしもないと明記しておく。宇宙史における他の文明の存在をめぐって強い不可知論的立場をとることは、科学の反論の対象になるわけではない。したがって、地球外文明など真剣に考慮するに値しないと考えても、それはそれで問題ではない。だがそれでも、宇宙生物学や人新世に関してここまで検討してきたことは依然として真である。私たち人類がたった今駆り立てている気候変動をめぐる理解は、太陽系の他の惑星を研究することで得られた知見に基づくものでなければならない。また、次に何をすべきかに関する問いは、生物圏と、それと連携する他のシステムのあいだで生じた、地球上における共進化の長い歴史を研究することで得られた知見に基づいて検討されねばならない。惑星のように考えるとはどのようなことかについて、ここまで私たちは多くを学んできた。知るべきことを知ったのだ。人類を乗せた地球の進化には従うべきルールがある。この視点をとるだけでも、気候変動否定論者の議論の根拠をなし崩しにすることができ、私たち自身と現在私たちが直面している問題を理解するにあたり、根本的な変化をもたらしてくれるだろう。

しかし、悲観主義的限界を他の文明を真剣に考えるよういざなう宇宙の招待と見なすのなら、他の文明には私たちにとっていかなる意味があるのかについて問えるようになるはずだ。ここでの目的は、それをSFの題材として考察することではなく、人類文明がおそらくは宇宙が生んだ最初の文明構築の実験ではないことを示すことにある。

　有史以来、神話は私たちが誰なのか、何であるのか、宇宙のなかでいかなる位置を占めているのかについて語ってきた。しかしそれらの神話は、私たちの存在が数多くある事例のうちの一つにすぎないという可能性を無視してきた。人類文明が唯一の文明ではない可能性を、知り得なかったがゆえに含めていなかったのだ。これが、系外惑星革命と、本書でこれまで検討してきた宇宙生物学のあらゆる知見が、私たちにとって一種のモーニングコールになり得る理由なのである。またそれは、人類文明の成熟の一環にもなり得るだろう。

　宇宙はハビタブルゾーンに位置する惑星に満ちているという発見は、人新世に突入した私たちが直面している困難と、五〇年前にフェルミ、ドレイク、セーガンが立てた問いを直接結びつけてくれる。悲観主義的限界は、宇宙が地球に対して行なってきたことを、他の惑星に行なう機会を数多く持っていたことを教えてくれる。私たちはこの情報を手に、他の多くのストーリー、つまり歴史が存在してきたと真剣に考えられるようになるだろう。それは、私たち自身とその選択を、より正確で十全な宇宙的な文脈のもとに置くよう導いてくれるだろう。この一歩を踏み出せば、惑星や気候や生物圏に関して学んだことのすべてが、他の文明にも妥当することに気づけるはずだ。私たちは、他の文明を研究対象にすることができる。だから次に、他文明の科学、すなわち地球外文明を対象とする理論考古学を検討しよう。

第5章　最終項

あまたの世界、あまたの運命

二一世紀に入って二〇年近くが経過した今日、私たちは持続可能な文明を築けるか否かという、人類の存亡がかかる危機に直面している。人間の大規模な活動は、地球の気候を形成している、互いに密接に結びついた種々の惑星システムを激しく揺り動かしている。地球がこれまでとは異なる気候状態へと移行するにつれ、いかに過小に見積もっても、人類の文明プロジェクトはストレスを受けざるを得ない。最悪のケースでは、現在の地球の変化は、人類の文明プロジェクトの維持を不可能にするかもしれない。

私たちは、地球規模で十全に持続可能なものとして長く存続できるよう文明を調節しなければならない。しかしその目標に向けて一歩を踏み出す前に、答えなければならない問いがある。それは「そもそものような調節は可能なのか？」「人類文明のような先進文明は、長期にわたって存続できるのか？」である。持続可能性の危機をめぐる議論のほとんどは、新たな形態のエネルギーを開発するための戦略や、種々の社会経済的政策に見込める恩恵に焦点を絞っている。だが私たちは、現在起こっていることを単一の事象として、言い換えると一回限りのストーリーとして見ているため、一歩下がってより包括的な問いを立てようとしない。そもそものような問いを立てること自体が、敗北主義ととられかねない。しかし未来を対象に、十分な情報に基づく賢明な賭けをするためには、これらの問いに答える必要がある。

まず、これらの問いが何を意味するのかを明確にしておこう。もしかすると宇宙は、長期にわたって持続可能な技術文明を生まないのかもしれない。宇宙の全歴史を通じて存在してきたあらゆる系外惑星を対象にしても、そのような文明は生まれなかったのかもしれない。あるいは、人類文明のような技術文明はすべて、数世紀間、もしくはどんなに長くても数千年間のみその輝かしい軌跡を残したあとで再び闇へと消えていった、宇宙の閃光のようなものなのかもしれない。

この問いは、フェルミのパラドックスにじかに訴える。私たちが今日直面している隘路は、星々の大いなる沈黙を説明してくれるのかもしれない。またそれは、ドレイクの方程式の最終項、すなわち文明の平均寿命に関係する。宇宙に存在するあらゆる系外惑星、文明を発達させたと仮定した場合でさえ、長期にわたって存続した文明が一つも存在しないという可能性は残る。そのような運命は、人類の未来が危機に瀕しているのとまったく同じ理由で、普遍的なのかもしれない。

では、私たちが現在直面しているもののような困難を克服した文明は存在するのか？

これは、人新世の宇宙生物学の核心をなす問いだ。悲観主義的限界は、文明の誕生や進化を禁じる方向へと宇宙に強いバイアスがかかっていない限り、人類文明以前にも文明は存在してきたはずだと教えてくれる。それらの文明のおのおのは、成長や惑星への影響という点で、何らかの発達の過程をたどってきたと考えられる。私たちは、この発達の過程をぜひ知りたいところだ。惑星や気候についてここまで学んだことに基づいて言えば、エネルギー集約的な文明を発達させた惑星は、人新世への突入と類似する移行へと駆り立てられると考えるべき理由がある。私たちは、人新世へと至る条件が普遍的なのか否かを検討できるほど十分に、「惑星のように考える」方法をすでに学んできたはずだ。だから人類文明以前に地球外文明が存在してきたのなら、それについて検討する準備は整っているはずである。では、これまで観察されてきた惑星から得られた情報に基づいて構築された既存の科学を用いて、未知の文明を対象とする科学を構築するにはどうすればよいのだろうか？

地球外文明に関してSF的議論を避けるためには

あなたは、クリンゴン星人やバルカン星人やUFOに乗って飛来した巨大な頭を持つ宇宙人にはなりたくないのではないか〔クリンゴン星人、バルカン星人はTVSFシリーズ『スタートレック』に登場する宇宙人〕。これまでSFは、印象深い宇宙人のイメージを提供し続けてきた。特に驚くべきことではないが、それらのほとんどは私たちに非常によく似ている。ただし頭部や耳の形状、あるいは指の数が私たちとは異なる場合が多いが。

われわれ科学者は地球外文明の科学を構築するにあたって、宇宙人がどんな姿をしているのか、あるいはどのように振る舞うのかなどといったことには関心がない。また、地球外生命体の生物学や社会学を詳細に検討することは避ける。なぜなら、科学はそのために必要なデータをほとんど与えてくれないからだ。

ならば、科学はこの件に関していかなる貢献をしてくれるのだろうか？　ドレイクの方程式には、「生命と先進技術の出現可能性」を表す項が三つあり、それぞれが基礎生物学（生命の起源）、進化生物学（知性の誕生）、社会学（社会の発達）に対応する。他の惑星で何が起こり得るのかという点になると、三項のそれぞれに関して不透明性が生じる。しかし問いを正しく立てれば、理論的な探究の条件を規定する原理を適用できるはずである。それらの規定は、理論的な探究があらぬ方向に逸脱するのを防ぐガードレールのようなものとして機能するだろう。

たとえば生命の基礎を理解するにあたって、私たちは化学の知識を持っていなければならない。だが、化学作用は宇宙の彼方でも地球上と同じように働くことをすでに知っている。星間雲、惑星形成途上の円盤状の天体、さらには系外惑星の大気の観測から、物理的作用や化学的作用は、それらの場所でも地球上と同様なあり方で働いていることがわかる。したがって他の世界の生命が私たちの目にはいかに奇異に見えたとしても、その生命は、地球上で働いているものと同じ基本的な物理法則や化学法則に従っているはずだ。この宇宙の普遍性に基づいて、科学者たちは、地球外生命体の生化学がいかなるものかを解明する作業にすでに着手している[1]。たとえば、私たちの太陽とは非常に異なる恒星に従う惑星上で、光合成がいかに実行されているのかを解明する研究さえ進んでいる[2]。

知性に関する問いとなると、基盤はより脆弱になる。というのも、知性の発達に必要なステップは無数にあるからだ。さらに悪いことに、どのステップが重要なのかも、あるいは地球に特有なのかもわかっていない。しかし少なくとも私たちは、知性の進化を考慮するにあたり、あらゆる惑星に対して普遍的に通用すると考えられる原理を適用できる。ダーウィンの進化論の真髄は、その普遍性にある。彼は、地球上のあらゆる生命が、突然変異、適応、適者生存という、同じ一連の単純なプロセスによって形作られると主張した。単純化して言えば、環境にもっともうまく適応した生物が、生存競争に勝つということだ。この原理は、最初の自己複製する分子から、現代の完全な形態へと発達した生物に至る、あらゆる生命に当てはまる。また、将来自己複製するロボットが登場するのなら、それにも当てはまるだろう。

したがって他の世界における進化を考察する際、そしてとりわけ生物圏という用語で包括的に考える場合には、その種の普遍性の考慮が役立つはずだ。ダーウィンの進化論は、個体群の成長や生態系における競争という用語で、思考の道筋を規定する指標を与えてくれるだろう。

社会に関する科学と、文明の形成をめぐる問いは、まったく話が違うように思われる。私たちの世界で観察される社会学的事実が、時間と空間を超えて通用すると仮定するわけにはいかない。他の文明に、政党は存在するのだろうか？　彼らは、神あるいは神々を信じているのだろうか？　地球外文明がいかに形成されるのかに関してストーリーを語ることはできるが、その記述はつねに単なるストーリーで終わるだろう。とりわけ道徳や経済や宗教に関してはそうならざるを得ない。たとえば、彼らは利他主義と自由競争のどちらに重きを置く制度を築くのだろうか？　そもそも他の文明においては、制度という概念自体に意味はあるのか？

物理や化学の基本法則、あるいはダーウィンの進化論が宇宙のどこでも普遍的に通用するのとは異なり、たとえば異星人の経済が何たるかを規定する、いかなる普遍的な原理が存在するのかを解明することは困難である。社会学ということになると、そのような規定が存在するとは、私にはとうてい思えない。

そのようなわけで、これから地球外文明の科学を構築するにあたって、有意義なあり方で解明に取り組める問いは限られる。何よりもＳＦを語ることは避けなければならない。つまり地球外文明が好戦的なのか平和的なのか、あるいは帝国の建設に焦点を絞っているのか、それとも自分たちの惑星にじっとしていることで満足しているのか、などといった憶測は、まったく無用である。それらの問いに答えようとしても、答えられる見込みなどほとんどないだろう。可視のものから不可視のものへと知識を拡大していくためには、自然が課す境界の内部に理論の構築を留めておかねばならない。いかに遠くを目指していたとしても、拠って立つ基盤がなければならない。当面その基盤は、（気候のような）惑星の物理や化学、あるいは宇宙全体で普遍的なものと妥当に見なし得る生物学の知見に忠実に従うことに求められる。この規則の遵守は、人新世の宇宙生物学を構築するにあたっての大きな課題だ。

もちろん、この戦略をとれば、地球外文明について多くの人々が知りたがっているさまざまな問題を切り捨てざるを得なくなる。たとえば、「異星人はどんな姿をしているのか？」「性の数は二つなのか、二三なのか？」「彼らの社会が依拠しているのは論理なのか、それとも愛情なのか？」「商人なのか戦士なのか？」、そしてもちろん「私たちに似ているのか？」などだ。あなたの興味がこれらの問いにあるのなら、もっぱら科学的な知見に基づく議論は、残念ながらおもしろくは感じられないだろう。

しかし、われわれが提起する地球外文明の科学によって直接取り組める、文明に関する一連の問いがある。カール・セーガン、ジャック・ジェームズ、リン・マーギュリス、ジェームズ・ラブロックら多数の科学者の業績を通して学んだ惑星の法則に依拠することで、私たちの文明プロジェクトにとってもっとも重要な問いに取り組むことができるのだ。具体的に言えば、「人新世は、どの程度ありふれているのか？」「文明によって惑星に気候変動が引き起こされる頻度はどの程度か？」、そしてもっとも重要な問いとして「文明は、人新世の隘路を難なくくぐり抜けることができるのか？」などである。

アドリア海は、八〇〇〇年にわたってイタリア東海岸で暮らす人々を養ってきた。北のヴェニスから南のブリンディジに至るまで、その暖かい海は、一〇〇世代以上の漁師に生活の糧を与えてきた。アドリア海には四五〇〇種の魚類が生息しており、その多くはイタリアの家庭の食卓にのぼる。[3] そして食卓の要求は、いつのときにも強い。漁師はアドリア海の頂点捕食者であり、海洋生物の多くは、乱獲のせいで今や絶滅の危機に瀕している。

だがアドリア海における漁師の活動の状況は、歴史を通じて一定していたわけではない。漁業は、紛争が生じると沿岸を航行する艦隊によって、操業が通常時より大きな危険にさらされ停滞を余儀なくされることもある。第一次世界大戦中、アドリア海は戦場になった。近代的な海軍の効率性は、イタリアの敵が、アドリア海における商業的漁業を逼塞させるほど遠くまで乗り出してくることを可能にしたのだ。

しかし意外にも、イタリアの漁師が苦境に陥ったのは確かとしても、漁業の停滞は、科学には恩寵であったことがやがて判明する。アドリア海での漁獲高が低下したことで、生物学者が動物の個体群、生態系、そして自分たちが行なっている研究の本質について考えるあり方を変えるようなパラドックスが生じたのである。

戦争直後の数年間、ウンベルト・ダンコナという名の若い海洋生物学者が、魚類の個体群とその進化について全力を傾注して研究していた。彼は長期にわたる入念な研究を通じて、トリエステ、フィウメ、ヴェニスなどのアドリア海沿岸に点在する諸都市の魚市場での売上に関する統計データを集めた。彼が集めたデータの対象期間は、一九一〇年から一九二三年にわたり、第一次世界大戦の期間を含んでいる。そしてその数値を調査していた彼は、説明困難な現象が起こっていることを見出す。

漁獲高が低下していた大戦中、サメを始めとする捕食者の数が急上昇しているように思われた。ダンコナが考えていたように、サバのような餌食になる魚の数も増加しているのなら、その事実は合点がいくだろう。餌食の数が増えれば、捕食者の数も増えるはずだからだ。しかし大戦中に、餌食になる魚類の個体数は上昇していなかった。彼が目にした統計は、漁獲高の減少が、獲物の減少と捕食者の増加をもたらしていると告げていたのだ。この生物学のパラドックスに頭を悩ませていた。筋違いにも思えるコンサルタント、偉大な数学者で物理学者のヴィト・ヴォルテラに相談するまでは。[4]

ヴォルテラは、物理学の難題を解くことにかけては世界を代表するような人物であった。彼の業績は、水晶の構造から液体の振る舞いに至るまで、あらゆる対象をカバーしていた。[5] とはいえ運命とダンコナが彼を生物学の領域に引き入れた主たる理由は、ヴォルテラの名声ではなかった。実のところダンコナは、ヴォルテラ教授の娘と結婚していた。この娘ルイザ・ヴォルテラ自身も科学者で、個体群と生息環境に関する生物学的な研究である生態学を専攻していた。

ヴォルテラがこの問題を取り上げたとき、物理学で用いられているような数学的な「モデリング」は、生物学者の道具にはなっていなかった。確かに生物学者は、統計なら用いていたが、モデリングとなると話は別だった。モデリングの本質は理論にある。モデリングのプロセスは、世界がいかに作用しているかに関して一連の前提を立てることから始まる。次に、その仮定は方程式に変換され、かくして考案

図 15　物理学者のヴィト・ヴォルテラ（左から三番目）は、義理の息子で海洋生物学者のウンベルト・ダンコナ（右端）のために、個体群生物学に基づく捕食者／被食者モデルを考案した。ダンコナの妻で生態学者のルイザ・ヴォルテラ（ヴィトの娘）は彼の隣に立っている（1930 年頃の写真）。

された方程式が、科学者がモデルと呼ぶものの内実なのだ。

　地球や火星の気候モデルの構築に見てきたように、数理モデリングの必須のステップは、方程式を解くことにある。そしてこの解法によって、時間軸に沿った世界の振る舞いが示される。よって数理モデリングによる解法は、予測であるとも言える。そのようなわけで、ダンコナが抱えていた魚の問題に対して、ヴォルテラがいかなる方程式を考案したにせよ、その解法は、捕食者と獲物の個体数の継時的な変化を予測できるものでなければならなかった。

　一七世紀にニュートンが力学の法則を考案し、物理学に濃厚な理論的色彩を加えて以来、物理学者は数理モデルを構築し続けてきた。だが二〇世紀前半の生物学者は、それとは異なる角度から自分たちの研究を見ていた。物理学者たちが普段行なっているようなタイプのモデリングは、さまざまな生命システムやそれらの相互作用の複雑さを説明するという課題には適さないように見えたのだ。惑星の軌道がいくら複雑だと言っても、たった一個の細胞や単純な食物連鎖でさえ、その複雑さは天文学者を恥じ入らせることだろう。だから生物学者を導いてきたのは、つねに野外調査（フィールドワーク）であった。[6]

しかし、ヴォルテラが義理の息子が抱えていた問題について考え始めた頃には、流れは変わりつつあった。数理モデルという形態で、生物学に理論を持ち込もうとする動きがすでに始まっていたのだ。なおこの動きは、一九世紀にブリュッセル出身のピエール・フェルフルストが、彼が言うところの個体群の法則を発見したときに始まった。[7] わずかな細菌を池に散布したとしよう。細菌の数は、各細胞が二つの新しい「娘」細胞に分裂することで迅速に増える。それから二個の娘細胞が分裂して四個の孫娘細胞に増え、さらに八個、一六個と、分裂のプロセスは続く。すぐに細菌の数は、爆発的に増加する。だが、このプロセスは無限には続かない。食物や空間に限度があるために、細菌の個体数は、ある時点で環境によって課される限界につき当たらざるを得ない。この限界は、環境収容力と呼ばれている。個体数は小さな値で始まり、急激に上昇し、環境収容力によって画される限界に達すると横ばいになる。

それから一世紀後、ヴォルテラらは現在では「捕食者／被食者モデル」として知られるモデルを考案することで理論生物学をさらに先へと進めた。[8] このモデルは二つの方程式で始まる。一方は被食者の個体数を追跡するもので、たとえば森に生息するウサギの数を示す。もう一方は捕食者の個体数を追跡し、たとえば同じ森に生息するオオカミの数を示す。モデルを考案する際に考慮すべきことは、これら二つの個体数が互いに関連し合っている点である。オオカミはウサギを食べ、ウサギの個体数を変える。だがウサギを食べたオオカミは繁殖し、個体数が増加する。したがってウサギの個体数も、オオカミの個体数に影響を及ぼす。このように互いに関連し合う二つの方程式には、ウサギがオオカミに食べられることを表す項と、オオカミがウサギを食べて子孫を生むことを表す項が含まれる。

数学用語で言えば、捕食者（オオカミ）と被食者（ウサギ）の個体数は、結合（coupled）している。つまり相互に依存し合っているのだ。また、二つの方程式は一緒に解かれなければならない。これは技術的な面で、問題をより面倒にする。ヴォルテラはその解決方法を考え出し、それに基づいてオオカミとウサギの個体数が、増えたり減ったりの周期を繰り返すことを発見したのである。しかし真に驚くべきは、そのタイミングであった。

モデルによれば、当初ウサギもオオカミも少なかった場合、餌食のウサギのみが急激に増え始める。ウサギがまず繁殖し始め、その数が増すのである。オオカミの個体数は、難なく見つけてとらえられるようになるほどウサギが十分に増えてから増加し始める。

やがてオオカミの数が急増してその影響が強まるにつれ、ウサギの数はピークを迎える。その後ウサギは減っていき、希少になり始める。しかし、それがオオカミの数に影響を及ぼすようになるまでには、ある程度の時間がかかる。そのためオオカミの数はしばらく経ってからピークを迎え、それから減少していく。やがてオオカミは、ウサギの数が回復できるほどまで減少し、新たな周期が始まる。

大戦中のデータにダンコナが見たものとは、サメ（捕食者）が依然として増加途上にある一方、サバ（被食者）がすでにピークを過ぎて、減少しつつあるという状況だったのだ。つまりヴォルテラのモデルは、捕食者と被食者の個体数のピークのあいだに遅延があることを予測し、サバが減少しているあいだにも、サメが増加する理由を説明することができた。ダンコナは、ヴォルテラの理論、すなわち数理モデルによって、見かけのパラドックスの根源を突き止めることができたのである。[9] このように、ヴォルテラの理論は捕食者と被食者の相互作用に関する基本的な生物学を明らかにした。

そしてヴォルテラら開拓者たちの業績から、真の理論生物学が誕生する。そこでは、理論は、誰が犯人なのかを探偵が推理するときに立てるもののような仮説を意味するのではない。科学における理論とは、経験を通して徹底的に検証された数学的な原理に基づいて立てられた知識を意味する。ヴォルテラらが創始した個体群生物学（個体群生態学とも呼ばれる）は非常に強力で、適用可能な問題領域はますます増えつつある。今日では、個体群生物学者、生態学者らは、数理モデルを用いて疫病の流行から侵襲的な生物種の拡散に至るまで、さまざまな問題を研究している。[10] このアプローチは、いずれ人類文明の研究にも適用されるだろう。

イースター島

イースター島は隔絶した場所にある。ハワイの西南四〇〇〇マイル［六四〇〇キロメートル］の地点に位置し、チリ本土の西海岸からは二〇〇〇マイル［三二〇〇キロメートル］以上離れている。見たところ無限に続く海洋に囲まれ、孤立した陸地の前哨基地のような様相を呈している。航海に熟達し、数千年前には長尺のカヌーを操って太平洋の各地域にすでに住みついていたポリネシア人たちでさえ、紀元四〇〇年頃になるまでイースター島に到達することがなかった。やがて彼らがそこに到達したときには、その島が肥沃な土壌と動植物に恵まれていることを発見した。それは、破滅に至るストーリーの希望に満ちた始まりだったのだ。

オランダの探検家たちが、一七二二年の復活祭の日曜日にイースター島を発見したとき、彼らがそこに見出したのは「極貧の生活にあえぎ、希少な資源をめぐって争い合う数千人の島民が住む不毛の地」であった。[11] この島には木がなく、地面は何の役にも立たないやぶで覆われていた。だが島内に点在する、人間の歩哨をかたどった巨大な石像は、それとは異なる過去を物語っていた。「石の頭」の多くは、高さが三〇フィート［九メートル］あり、重さは五〇トンを超える。石像の押し黙った顔は、かつてイースター島が、おそらくは一万を超えていたと考えられる人口を擁する活気に満ちた文明を宿していたことを示している。[12] オランダ人の到来以前にいかなる文化が存在していたにせよ、その文化は、島の中央部にある火山から岩を切り出して石像を彫り、岩だらけの土地を何マイルも横切って運べるだけの高度な技術力を持っていたはずだ。

イースター島文明に何が起こったのかという謎に、何世代もの作家や科学者がとりつかれてきた。エーリッヒ・フォン・デニケンは一九七三年のベストセラー『未来の記憶』で、異星人の文明によるとしか考えられないとさえ述べている。[13] 彼は、「イースター島民は、ローラーとして使える木がないにもかかわらず、どうやって巨大な石像を運ぶことができたのか？」と問う。だが、異星人を持ち出す必要などない。イースター島の謎に対する答えは、ごく単純ながら、きわめて気の滅入るようなものであることが判明している。

イースター島に木がなかったのは、島民がすべて切り倒したからだ。巨大な石像を彫って運ぶために森を丸裸にし、その過程を通じて、島民は文明の崩壊に至るらせん階段を転げ落ちたのである。

図 16　イースター島の有名な巨像は、1722 年にオランダ人が上陸する以前に繁栄し崩壊した文明があったことの証拠である。

何をきっかけとしてイースター島の没落が起こったかについては議論の余地があるが、島民自身の活動によって引き起こされた環境破壊が、重要な役割を果たしたことに間違いはない。イースター島は、隔離された居住可能な環境と、その環境によって提供される資源を消費する文明とのあいだの相互作用を示す実例と見なせる。島民自身が環境破壊をもたらしていたのであり、明らかに現在の地球の状況と似ている。

ジャレド・ダイアモンドは、二〇〇七年のベストセラー『文明崩壊――滅亡と存続の命運を分けるもの』で、この類似性を明らかにしている[14]。この本は、権力や影響力が頂点に達したときに崩壊した、いくつかの人類文明の軌跡を探究している。取り上げられている例には、アメリカ南西部のアナサジ文化、マヤ文明、グリーンランドのバイキング植民地が含まれる。どの例でも、文明は環境収容力を超える活動を行なっていた。環境から資源を収奪する社会の効率が上がるにつれ人口は増大し、やがて成長は限界に達した。そして成長の限界に達してからほどなくして、どの文明も崩壊したのだ。イースター島は、ダイアモンドが語るストーリーの典型例だと言える。

ダイアモンドが環境破壊の歴史的実例を世に広めていた頃、科学者たちはすでに、イースター島の没落を扱った数理モデルの構築に着手していた。ヴォルテラらによって開拓されたものと同種の個体群モデルを用いて、イースター島文明の繁栄から没落へと至る軌跡をたどる方程式の考案を試みていたのだ。

この試みは、環境経済学者ジェームズ・A・ブランダーとM・スコット・テイラーの論文が発表された一九九五年に始まった[15]。二人は、二つの方程式を提示している。一つは人口の継時的変化を、もう一つは資源の利用可能性の継時的変化を表し、ヴォルテラの捕食者／被食者モデルと同様、二つの方程式は結合している。島民が食糧の確保、あるいは技術の行使のために島の資源を使うにつれ、人口は増加する。木のような資源は再生可能で、島民によって伐採されても自然に回復していくことは、方程式によって記述されていた。しかし、人口と島の資源が相互作用し合いながら変化していく軌跡を記述する方程式を二人が解くと、確実にやって来る島民の運命がはじき出された。

その運命とは次のようなものだ。資源の再生は、やがて人口の増加に追いつかなくなる。過剰な伐採は資源の枯渇を招き、島の人口も減り始める。かくしてイースター島の人口は、紀元一二〇〇年頃にピークに達したあと、徐々に減っていき、オランダ人が到来した頃には数千人になっていた。数理モデルはイースター島の歴史の一般的な趨勢を正しくとらえていたのだ。

他の研究者も、すぐにブランダーとテイラーの業績に続いた。彼らは、新たなタイプの相互作用を反映するために、方程式に新たな項をつけ加えたり、既存の項の形態を変更したりすることでモデルの想定を変えた。ビル・ベースナーとデイヴィッド・S・ロスによる二〇〇五年の研究は、やや異なった観点からこの問題を考察している。[16] 彼らは、（木や動物などの）島の資源に関してのみならず人に関しても環境収容力があると想定したのである。彼らのモデルでは、人の環境収容力は明確に資源に依存する。つまり、資源のレベルが低下すると、島民を養う島の能力も低下する。イースター島の歴史を表すこの新たな方程式を解いた二人は、ブランダーとテイラーが発見した人口の漸次的な低下とは異なる現象を見出した。人口はピークを迎えたあと、石が落下するように急降下したのだ。まさに崩壊であった。

イースター島の歴史に関する理論の構築は現在でも続けられており、毎年新たな研究が発表されている。オランダ人の到来以前のデータには解釈の余地を残すものもあり、研究者が取り組まねばならない未解決の問題はあまたある。しかし、島民の運命の基本的な推移は、ここまで取り上げてきたモデルによってうまくとらえられているように思われる。

イースター島の運命のモデル化の成功は、宇宙という文脈のもとで地球の運命を考える際にも、大いに参考になる。孤島の生態系や住民に関して真であることは、宇宙の孤島たる惑星にも当てはまるはずだ。

地球外文明の理論考古学

一九五九年、カール・セーガンはそれより六〇年前に地球を対象に考え出された温室効果理論を取り上げて金星に適用した。一九八三年、ジェームズ・ポラックらは火星で起こっている砂嵐の詳細なモデルを、核戦争後の地球の気候に適用した。系外惑星革命のさなか、現代の天文学者たちは金星、火星、地球の研究によって得られた成果を、太陽系から遠く離れた恒星を周回する惑星の居住可能性の問題に適用している。

最近五〇年間、宇宙の一般的な現象としての惑星に関する知識は爆発的に増大した。さまざまな世界を観測することで得られたデータは、地球の理解と交配され、他の世界それ自体の理解や、私たちの世界と照らし合わせたうえでの他の世界の理解に役立てられている。この交配は非常に堅実なもので、現在科学者たちは、系外惑星で誕生する可能性のある生物圏の詳細なモデルを構築しているところである。彼らは、近い将来完成する予定の望遠鏡が、系外惑星の大気に関するまったく新たなデータを提供してくれるようになった暁には、正確な予測ができるよう準備を整えているのだ。

しかし生物圏を宿す系外惑星の理論的なモデルを現在築き上げているのなら、いったい何が、文明を擁する世界を対象にそれと同じ作業を遂行することを妨げているのだろうか？　正しい問いを立てれば、今すぐにそこから出発できるはずだ。ヴォルテラや彼を支持する人々の精神のもとに、惑星に関する理解と個体群生態学を結びつけることで、惑星と文明の相互に関連し合う軌跡を、宇宙の一般的な現象として探究する作業を開始することができるだろう。

これは、地球外文明の理論考古学とも呼べるプロジェクトだ[17]。地球外文明をめぐる研究はすべて、理論的なものでなければならないだろう。単にデータが存在しないという理由ばかりでなく、その方法は、ヴォルテラが捕食者／被食者モデルを考案したときのように、生命や環境に関する基本的な考えから出発しなければならないという理由からも、そう言える。地球外文明のあり得る歴史をひも解くためには、物理学、化学、個体群生態学を指南役にする必要がある。地球外文明の理論考古学の目標は、私たちに起こるかもしれないことをよりよく理解できるよう、彼らに何が起こったのかを知ることにある。
地球外文明の理論考古学などと、あつかましくも、そして場合によっては愚かにも呼ぶからには、まずその核心をなす考えをここで明確にしておこう。

ステップ1：他の文明、他の歴史

悲観主義的限界が示すように、宇宙に文明を生まないようにする強い偏向が存在しない限り、人類文明は宇宙史上最初の文明ではない。他の文明の存在を真剣に考えるのなら、それぞれの地球外文明は、それを宿す惑星との相互作用という観点から語ることのできる独自の歴史を持つはずだ。

ステップ2：すべては平均に関係する

私たちは、ドレイクの最終項によって示される問い、すなわち「先進技術を発達させた文明は、平均してどの程度長く存続できるのか？」という問いに大きな関心を抱いている。これは、たった一つの理論的なモデルの成果によって多くを語ることはできないということを意味する。必要なのは、さまざまな地球外文明をモデル化することで編集された統計情報である。悲観主義的限界のおかげで、私たちはそれが何を意味するのかを知っている。
科学者は通常、何を研究していようが、一〇〇〇件以上のデータを確保しようとする（これは政治投票に関する調査にも当てはまる）。データ件数が多くなれば、平均などの数量的な評価が、意味を持つようになるからだ。自然の選択した「生命と先進技術の出現可能性」が、悲観主義的限界の一〇〇〇倍大きければ、宇宙史を通じて一〇〇〇の地球外文明が、宇宙のどこかに存在してきた計算になる。そもそも悲観主義的限界を示す数値がきわめて小さいことに鑑みれば、宇宙のどこかですでに一〇〇〇の文明が存在してきたと考えることは、大きな飛躍であるとは言えない。それには「生命と先進技術の出現可能性」が一京分の一（一〇のマイナス一九乗）でありさえすればよいのだが、この数値は、ほとんどの悲観論者たちが怖れていた数値よりはるかに小さい。

ステップ3：タダメシなどない

さてこのステップから、惑星科学と気候研究に宇宙生物学的観点が必要とされる領域に足を踏み入れることになる。持続可能性に関する公開討論では、化石燃料から、地球への影響が小さい資源へとエネルギー源を切り替えることに、議論の焦点が置かれている。この目標自体に問題があるわけではないが、論点は、ときに「地球への影響が小さい」から「影響がまったくない」へと歪曲されることが多い。

宇宙生物学の視点をとって惑星のように考えるよう心がけていれば、「地球への影響がまったくない」などということはあり得ないことがわかるはずだ。文明はエネルギーを引き出し、それを用いて何らかの作業を遂行することで構築される。その作業とは、建物の建設や物資の輸送からエネルギー資源の採掘に至るまで、どんなものでもあり得る。

技術がなければ、人々は、毎日各自の生活に必要な分だけエネルギーを消費することになる。しかし技術が発達すると、利用可能なエネルギーの量が格段に増大する。平均的なアメリカ人は、およそ五〇人分の仕事量に匹敵するエネルギーを家庭で消費している[18]。車の運転や飛行機の運行など他の活動に使われているエネルギーを加えれば、費消されるエネルギーの量ははるかに膨大なものになる。これは物理の問題にすぎないので、エネルギーや動力や仕事量に関して私たちに当てはまることは、文明の構築に成功したいかなる生命にも当てはまるだろう。技術文明を構築する全過程が、実のところ環境から、言い換えると惑星からエネルギーを引き出すことで成り立っている。

よって私たちが関心を抱いているような広域的でエネルギー集約的な文明は、惑星に何らかの影響を及ぼさずには構築し得ない。それどころか、物理法則は惑星に影響を及ぼすことを求める。その法則とは熱力学第二法則のことである。

エネルギーをまるまる有用な仕事に変換することは不可能であると、熱力学第二法則は教えてくれる。つねに廃棄物が生じるのだ。そのためいかなる惑星のどんな生命であろうと、エネルギーを費消すれば、その形態を問わず必ず廃棄物が生じ、蓄積した廃棄物は、惑星システムへとフィードバックされる。この観点からすれば、化石燃料を燃やすことで生じた二酸化炭素は、人類の文明構築に由来する一種の廃棄物として見ることができる。いかなる形態であれ、廃棄物は惑星に影響を及ぼす。大気、海洋、氷床、陸地の状態はすべて、廃棄物が蓄積するにつれ変わっていく。これこそが、気候変動や人新世に関する真の科学的なストーリーなのだ。

さてここで、人類文明より高度に発達した文明なら、熱力学第二法則の支配を免れる方法を見つけられるのではないかと反論する読者もいるかもしれない。物理学者のほとんどは、それに対し「せいぜいがんばってくれ」と言うことだろう。熱力学第二法則は宇宙の構造に組み込まれているので、その魔手から完全に逃れるすべはほぼあり得ない。

しかし高度に発達した文明がいかなる能力を持つのかという問いは、理論考古学プロジェクトにとってきわめて重要なものである。それどころか、まさにきわめて重要であるがゆえに、地球外文明の考古学は、この問いをめぐって勝手な憶測がなされないよう考案されている。そしてそれは次のステップにつながる。

ステップ4：惑星のエネルギー源は限られている

地球外文明の考古学を構築するにあたって、われわれはまだ若い技術文明に焦点を絞ることにしている。これは、人類文明と同じ段階にある文明に着目することを意味する。そうする理由は二つある。一つは次のようなものだ。この試みの目的は、今日私たちが直面している苦境を普遍的な現象として取り扱うことで、何を学べるかを見極めることにある。人類がすでにワープエンジンなどといったスーパーテクノロジーを手にしていたら、人新世に突入した人類が遭遇する困難は、存亡に関わるような深刻なものではなくなるだろう。したがって、人類の直近の運命を理解するというこの試みの目標は、対象を若い文明に絞るべき一つのすぐれた理由になる。しかし若い文明に対する強調は、この試みを強固な科学的制約を持つプロジェクトにするための必須の要件でもある。

地球外文明（あるいは人類の遠い将来）を考えるにあたって遭遇する大きな障害の一つは、技術の進歩をどう見積もるかである。人類文明より一〇〇万年長く存続してきた文明が、いかなるタイプの技術を手にしているのかを、いったいどうすれば予測できるのか？　そこまで成熟した社会は、まったく新たな形態のエネルギー源を発見しているかもしれない。私たちにとっては未知のエネルギー源を、理論的なモデルによっていかにとらえられるのだろうか？

実のところ、それは不可能だ。だが幸いにも、そうする必要はない。技術の発達は、はしごを登るようなものである。鉄の刃を作れるようになるまでは、鋼鉄の刃を製造することはできない。バビロニア人は、現代の風力タービンの合金製部品を製造する能力を持っていなかった。このようにいかなる文明も、周囲の世界の物理的原理や化学的原理を発見しながら、技術の発達の階梯を登っていかなければならないのだ。

人類の文明プロジェクトにとってこの事実が意味するところは、「若い文明に利用可能なエネルギー源の種類は限られている」ということである。私たちは自分たちがいかなる形態のエネルギー源を利用できるかを知っている。物理学、化学、惑星の進化に関する知見は、知的な生命体が技術の発達の階段を登るために、どのような資源を利用できるかを教えてくれる。以下に、惑星が与えてくれるはずのエネルギー源の一覧をあげておく。

- 燃焼エネルギー

これは、惑星が特定の地質学的な時代を経た場合に形成される化石燃料を意味する。あるいは、地球の例で言えば木などの生体材料（バイオマテリアル）でもあり得る。

- 水力／風力／潮力

惑星表面を液体や気体が流動している場合、それらの動きをとらえてエネルギーを生み出すことができる。

・地熱

惑星内部から伝わってくる熱をとらえて、文明の構築に利用することができる。

・太陽光

日光は、ローテク（熱）によってもハイテク（電流）によっても利用することができる。

・原子力

原子核に閉じ込められたエネルギーは、ウラニウムなどの放射性元素を採掘できる限りにおいて、利用することができる。明らかに核エネルギーは、他のエネルギー源に比べ、技術の発達の階段をより高くまで登らなければ利用可能にはならないが、人類文明が利用してきたことに鑑みれば、他の文明も利用していたとしてもおかしくはない。

最終的には、各文明がこれらのエネルギー源のどれを利用できるのかは、その惑星の独自の条件によって決まる。他のエネルギー源と比べ、地熱が好都合な世界もあれば風力が利用しやすい世界もあることだろう。ここで重要なのは、上記の一覧にはほぼすべての選択肢が含まれていることである。つまり、特殊な磁場を持つ惑星や、稲妻が常時発生している惑星などといった世界を想像しない限り、上記の一覧は網羅的だと言える。上記以外のエネルギー源を追加することは、「新たな物理作用」の発見に関するＳＦストーリーを書くにも等しい。

ステップ5：影響を知る

若い文明が利用できるエネルギー源を一覧できるのであれば、その使用によって惑星にいかなる影響が及ぶのかも計算できる。それがSFに聞こえるのなら、すでに一九〇三年の時点で、スヴァンテ・アレニウスが、地球と（化石燃料の）燃焼に関してまさにその種の計算を行なっていたことを思い出されたい。アレニウスは地球の大気の組成を知っており、石炭の使用がそれにいかなる影響を及ぼすのかを計算することができた。その影響とは、それによって生じた二酸化炭素が温室効果を助長することであった。[19]

したがってすでに私たちは、燃焼エネルギーを利用する文明に関して、その営為が惑星にいかなる影響を及ぼすのかを示すモデルを構築する方法を知っている。残されているのは、大気の組成や、その惑星がハビタブルゾーンのどこに位置しているかなど、各惑星の固有の特徴によって何が地球と異なり得るかを考慮に入れることだけである。

他のエネルギー源の影響についてはどうだろう？　いくつかのケースに関しては、すでにモデル化が始まっている。ドイツのマックス・プランク研究所に所属する科学者たちは、風力のグローバルな効果を探究している。風力タービンは、スムーズで大規模な空気の流れを電力エネルギーに変えることで機能する。しかしその過程で、風下側に途切れ途切れの乱流を引き起こす。彼らの発見によれば、現在の人類文明のエネルギー需要を満たすほど大規模に風力からエネルギーを抽出することは、穏やかな温暖化に類する影響をその惑星に及ぼす。再生エネルギーの切り札の一つである風力でさえ、（化石燃料よりははるかに小さいとしても）その惑星にコストをかけるのだ。[20]

私たちは、先の一覧にあげたエネルギー源のそれぞれに関して、その物理や化学を深く理解しているので、その利用が地球以外の惑星にどのようなフィードバックをもたらすのかを計算することは、決して至難の技ではない。というのも、文明が利用する可能性のあるエネルギー源のそれぞれに対し、惑星が支払わねばならないコストを計算するのに必要な情報を持っているからだ。この能力があれば、地球外文明の理論考古学に至る道の最後のステップへと進むことができる。

ステップ6：クランクを回す

ステップ1から5までを経た今や、私たちは地球外文明の歴史を計算するのに必要なレシピを手にしており、若い文明とそれが宿る惑星の相互作用をモデル化することから作業に着手できる。このモデルは、文明が抱える人口〔本章では以後、「population（個体数）」は、わかりやすいよう「人口」と訳した〕と、それを宿す惑星システムが、時間の経過とともにどのように変化するのかを予測する二つの方程式で示される。二つの方程式は、捕食者／被食者モデルと同様、互いに結合しており、一方は（大気などの）惑星システムの変化を、他方は文明が抱える人口の変化を記述する。そして両方程式には、惑星から文明へのフィードバックと、文明から惑星へのフィードバックを表す項が含まれる。ここでは二つの方程式としたが、実を言えばそれらの事象をうまく表現するには、方程式は二つだけでは足りない。というのも、各種資源やその利用状況、さらには海洋、氷床などの種々の惑星システムに対するそれらの影響を追跡する必要があるからだ。だが本書では差し当たり、「惑星」方程式と「文明」方程式だけに留めておくこととする。

一般に、文明はエネルギー源を利用し、それによって生じる廃棄物を惑星システムに押しつける。フィードバックによって惑星システムが変化するにつれ、文明は繁栄するか、ストレスを受ける。これは人口の変化に反映される。この結合の様態は複雑なため、モデルを構成する方程式を解くまでは、何が起こるかを予測することはできない。

このようなモデル化を一度行なっただけでは、多くを知ることはできない。私たちの関心の焦点は、ドレイクの方程式の最終項、すなわち文明の平均寿命にある。それを算出するためには、さまざまな惑星のタイプに関して、何度もモデルを構築し実行する必要があるだろう。ある意味で、文明構築の実験を繰り返すことで、独自のミニバージョンの宇宙を構築しようとしているとも見なせよう。モデルは、とりわけ温室効果の影響を受けやすい、ハビタブルゾーンの内側の境界付近を周回する惑星を想定して実行する場合もあれば、外側の境界付近を周回する惑星を想定して実行する場合もあるだろう。あるいは地球より酸素濃度の低い惑星を想定するケースもあれば、酸素濃度の高い惑星を想定するケースもあるだろう。また風力を利用する文明や、地熱を利用する文明を対象に実行する場合もあろう。この説明で、モデル化の概要が、より明確になったのではないだろうか。

最後に私たちは、「クランクを回して」、初期条件を変えながら何万回とモデルを実行しなければならない。これはたいへんな作業に聞こえるかもしれないが、現代のコンピューターの処理速度は速い。

繁栄に至る道、地獄に至る道

地球外文明の理論考古学を正しく遂行することは、楽ではない。それには大気の科学、地質学、エネルギーの科学、生態学の知識が必要とされる。リアルなモデルを構築するためには、モデルに何を組み込むかを考慮するにあたって、物理学、化学、惑星科学、そして生態系の相互作用を正しく理解していなければならない。それは、長期にわたる非常に興味深いプロジェクトになるはずだ。

だが、その目標に向かって一歩を踏み出すにあたり、最初にいくつかの段階を踏むことができる。それによって科学者は、まず地球外文明の宇宙生物学的な風景を見渡すことができるだろう。二〇一六年秋、わがチームはその種の予備観察を行なった。その結果は、スリリングで希望に満ちたものでありながら、同時に少しばかり気を滅入らせるものでもあった。

わがチームのメンバーの一人に、ワシントン大学の都市生態学者マリナ・アルベルティがいる。イタリア出身の彼女は、進化が人新世にいかに反応しつつあるのかを知ることに情熱を注いでおり、都市環境を調査して、世界各地で進んでいる都市化という巨大なプロジェクトのさなかで新たな生物種がいかに生み出されているのかを研究している。マックス・プランク生物地球化学研究所に所属し、この研究に参加しているアクセル・クライドンも革新的な考えを持つ研究者で、地球を一つの熱力学系、つまり巨大な惑星大の蒸気機関のようなものとしてとらえる新たな方法の考案を目指している。

最後にもう一人、ジョナサン・キャロル＝ネレンバックをあげておこう。ジョナサンは、かつて私が指導していた大学院生で、現在はロチェスター大学でコンピューター科学者として私と研究を行なっている。ジョナサンの才能は特筆すべきもので、彼のところに午前中に問題を持ち込むと、翌日までに完全に解決してみごとなグラフで示してくれる。

われわれは二人で、惑星と文明の進化のモデルを考案した。方程式は非常に単純なものだった。私たちの目標は、地球や他の特定の惑星の詳細をとらえることではなく、可能な限り一般的な方法で文明と惑星の相互作用を記述し、それを足場にしてより詳細でリアルな探究を行なうことにあった。

われわれのアプローチでは人口と環境はエネルギー源を介して結びつけられていた。惑星はエネルギー源を提供し、文明はそれを使う。エネルギーの使用量が大きければ、人口も増えるが、それによる環境の変化の度合いも大きくなる。環境の変化が大きくなれば、文明に対する惑星の環境収容力はそれだけ低下し、それによって人口は低下する。

これらの特徴とともに、われわれは惑星の状態の変化に文明がいかに対処するかを表すメカニズムを加えた。モデルを単純化するために、惑星には二種類のエネルギー源しか存在しないものとした。一方は（化石燃料のように）惑星に大きな影響を与え、他方は（太陽光のように）それほど大きな影響を与えないものとした。この影響の程度は、そのエネルギー源の使用が、惑星の環境にどの程度の変化を強いるかを表している。

ひとたび惑星の環境が、予め設定された限界を超えるほど変化すると、文明は利用するエネルギー源を変える。惑星の気温を考えてみればよい。気温が一定の値を超えると、その文明は環境に大きな影響を及ぼすエネルギー源の使用を中止し、影響の少ないエネルギー源へと転換するだろう。

このような戦略を用いてモデルを構築することで、文明の社会学を具体的かつ単純なものとして組み込むことができた。文明がいかに人新世を認識し、それに対処するかという側面は、モデルから除外したかった。その代わり、文明に何かをさせる決定的な要因は、惑星の気温の変化であると想定した。惑星の気温は入力値の一つにすぎないので、われわれはモデルを起動するごとにその値を変えることで、

「賢い」文明と「愚かな」文明の歴史がどう展開するのかを確認することができた。文明は、惑星の気温が上昇し始めると早い段階でそれに対応するか、遅くなってから対応するかした。この決定がいかになされるのかに関する社会学的要因をモデル化することはできなかったが、その決定によってもたらされる物理的な結果をモデル化することはできた。気温の上昇にすばやく対応することで、文明を救えるのだろうか？　そもそも文明を救う何らかの方法があるのだろうか？

モデルは私たちに何を教えてくれるのか？

われわれが行なった地球外文明／惑星の探究は、三つの異なる軌跡を見出した。（警戒すべきことにもっともあり得る）第一の軌跡は、われわれが「集団死（Die-Off）」と呼ぶ軌跡だ。このパターンでは、文明がエネルギー源を利用するにつれ、予想されるように人口は増えていく（グラフA参照）。しかし資源を利用することで、惑星の環境は、初期の状態からかけ離れていく。互いに結びついた文明と惑星システムの進化が続くと、環境によって維持可能な範囲を超えて人口が急激に上昇する。つまり人口が、その惑星の環境収容力を超えてしまうのだ。それに続いて人口の大幅な減少が生じ、やがて惑星と人口の両方が安定状態に達する。その時点を過ぎると、人口も惑星も変化しなくなる。かくして持続可能な惑星文明が成立するが、そのためには大きなコストが支払われねばならない。

多くのモデルでは、安定状態が得られるまでに人口の七〇パーセントが死滅している。グローバルな気候変動によって、一〇人中七人がこの世からいなくなったところを想像してみればよい。複雑な先進社会が、どの程度の人口の減少に耐え、崩壊せずに済ませられるのかは定かでない。一四世紀に黒死病が流行したとき、ヨーロッパは人口の三〇パーセントから五〇パーセントを失ったが、その後何とか回

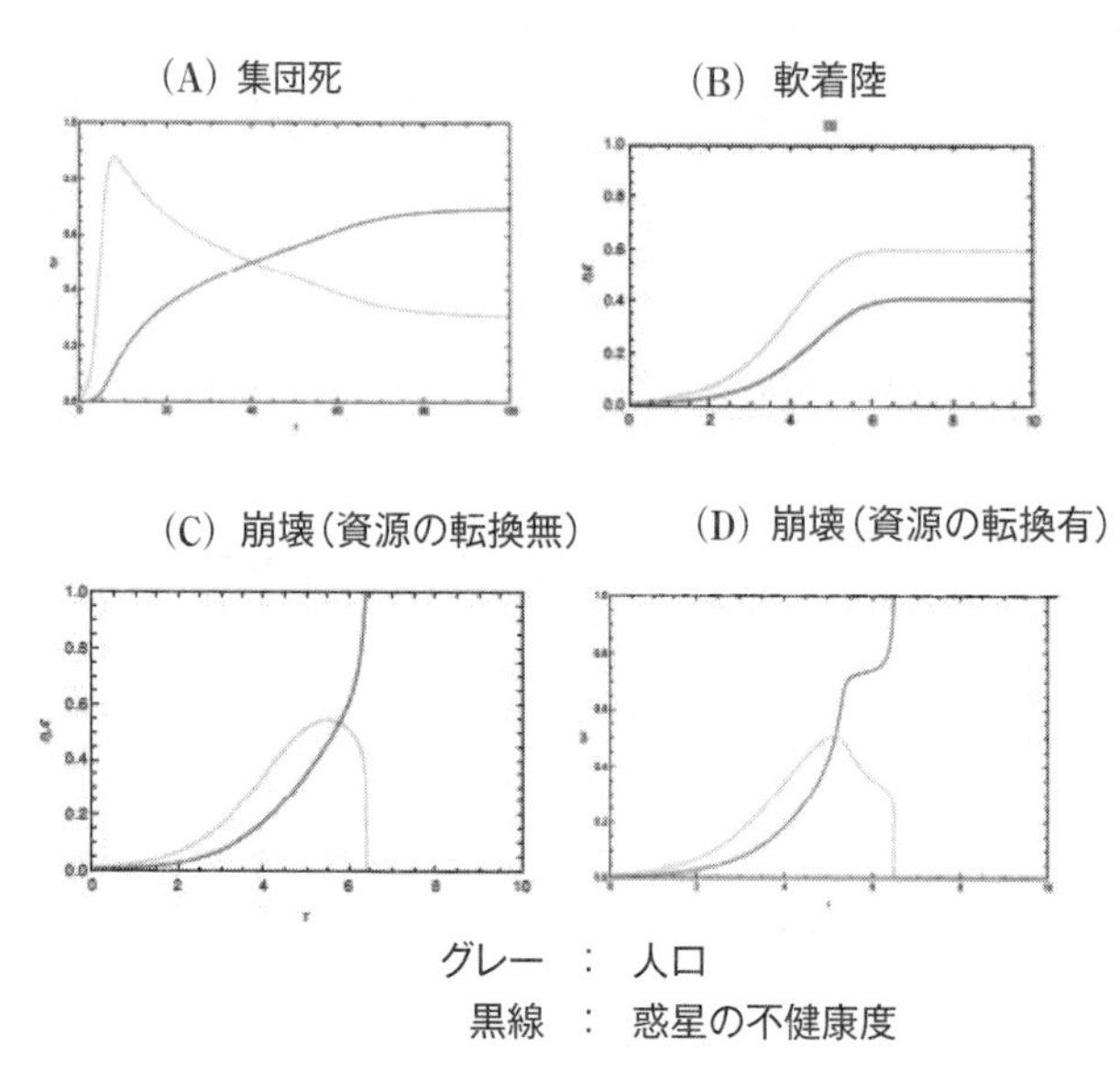

図 17　数理モデルによって見出された地球外文明と惑星がとる四つの軌跡。

復している。もちろん中世のヨーロッパは、現代の基準に照らして高度な先進技術を持っていたわけでもなければ、宇宙空間に漂う惑星のように孤立していたわけでもない。

第二の軌跡は、われわれが「軟着陸(Soft Landing)」と呼んでいるパターンである(グラフB参照)。このパターンでは、人口が増大して惑星は変化するが、早い段階で惑星に対する影響が小さいエネルギー源に転換したあと、円滑に安定状態へと移行する。やがて文明は、大規模な集団死を経ることなく惑星ともども平衡状態に達する。

最後の軌跡はもっとも懸念を引き起こすもので、われわれは「完全崩壊(Full-blown Collapse)」と呼んでいる。「集団死」モデル同様、人口は最初に急激に増加する。しかしこのケースでは、惑星の変化が、惑星の環境収容力をあっという間に引き下げるため、人口は急激に低下して絶滅に至る。

このパターンのもっとも注目すべき側面の一つは、崩壊が必然的である点だ。惑星に及ぼす影響が大きいエネルギー源から小さいエネルギー源への転換によって、事態は改善されるのではないかと思う読者もいることだろう。だが軌跡によっては、そのような転換を行なっても効果がない。影響が大きいエネルギー源だけを使っていれば、人口はピークに達し、そこからゼロへと急降下する（グラフC参照）。途中で影響の小さいエネルギー源に転換したとしても、崩壊を単に遅らせることができるだけだ。人口は減少し始め、一旦安定するかに見えるが、やがて突然急降下し滅亡へと至るのだ（グラフD参照）。

文明が賢明な選択をしても崩壊が生じるというパターンが見出されたことは、意外な結果が得られる場合があるという、モデリングの本質的な側面を示している。モデルを構成する方程式は複雑なので、予期せぬ振る舞いが起こり得る。モデリングのクランクを回したことがなければ、この結果は予想できないだろう。

モデルを実行することで見出された振る舞いを研究して初めて、何が起こったのかを理解することができる。われわれが考案した単純化されたモデルは、文明の状態と惑星の状態の推移を合わせて追跡するものであったことを思い出そう。遅延された崩壊の軌跡では、文明が、惑星に大きな影響を及ぼすエネルギー源から小さな影響を及ぼすエネルギー源へと転換したとしても、その時期が遅すぎれば効果がないことを示している。モデル化された文明が、人新世への突入に類する移行を認識し、事態を改善しようとエネルギー源を転換したとしても、惑星はすでに新たな気候の領域へと向かっていたのである。ひとたびきっかけが与えられると、惑星の内部装置が事態を支配し始め、もとの気候状態には戻らずに新たな気候状態へと移行するとともに、文明を崩壊に至らしめたのだ。

このケースでは、惑星の環境自体が持つダイナミクスが文明の崩壊の原因だった。惑星を強く揺さぶりすぎると、惑星の状態はもとに戻らなくなるが、文明が存在しなくてもそうなり得ることは、金星とその暴走する温室効果の事例に見た。かくしてわれわれのモデルは、いかに文明が、自分たちの活動を通じてさまざまなあり方で惑星を暴走させ得るのかを一般的な用語で示したのである。

ジョナサン、マリナ、アクセル、そして私が行なった研究は、文明とそれを宿す惑星がともに変化する基本的なあり方をいくつか示した。長期的に持続可能な惑星／文明システムがあり得ることを見出せたのは幸いであった。しかし、そこには警告も含まれている。賢明な選択をしても文明を崩壊へと至らせる自己永続化したフィードバックは、とりわけ私たちの目を覚まさせるに十分だ。

最終項

地球外文明の考古学が、現実世界に関して何を教えてくれるのかを問うことは妥当であろう。これらのモデルは、単に数学的な玩具ではないのか？　人類文明と比較することのできる文明などただの一例もないのではないか？　これらの問いに答えることで、地球外文明を科学の探究の対象として真剣にとらえれば何が得られるのかがわかるだろう。また、人類の文明プロジェクトに関する私たちの選択を宇宙生物学的な視点から理解しようと試みれば、そこに何がかかっているのかを見極めることができるはずだ。

モデルと現実は別物であるという主張は、まったく正しい。単純化されたモデルは、筋肉や皮膚を欠

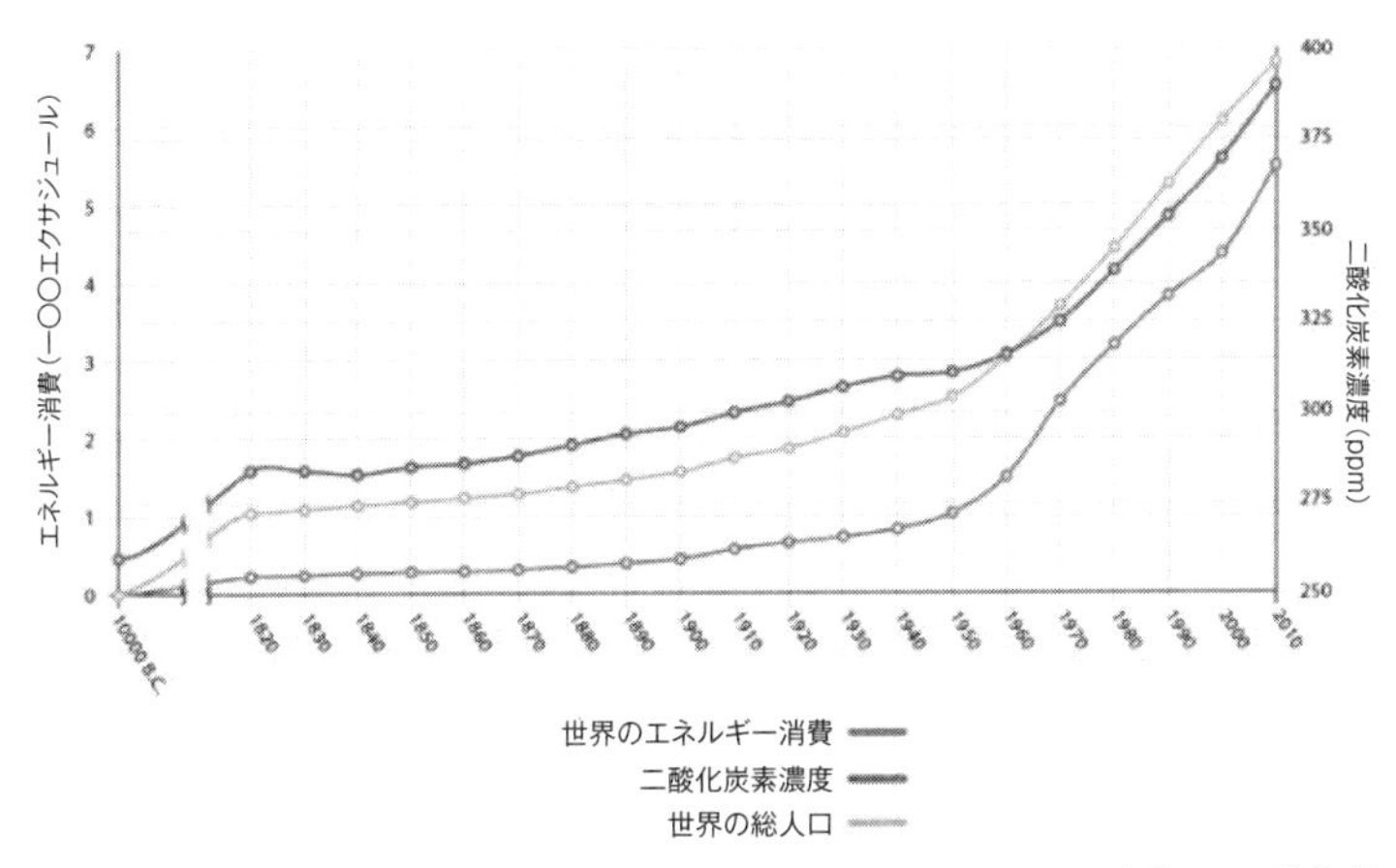

図 18　モデルと現実：過去一万年にわたる世界のエネルギー消費、二酸化炭素濃度、世界の総人口に関するデータによって示される人新世の軌跡

く骨格のようなものである。しかし骨格を観察するだけでも、その動物に関して多くを知ることができる。恐竜の知識は、まさにそうすることで得られた。さらに重要なことに、研究を進めるにつれ、モデルは惑星の働きに関するより高度な知見を基盤としたものへと洗練されていく。ますます、確固とした物理や化学の骨組み、すなわち惑星の法則に基づいて構築されるようになるのだ。そのようなわけで、モデルは想像にふけるための玩具などではない。

　モデルは単なるフィクションの領域を超え、惑星の法則に依拠しつつ現実の重要な側面をとらえる。惑星には惑星の論理がある。おのおのの惑星には独自のストーリーがあり、それを知らずにその惑星を理解することはできない。宇宙のどこか遠くの惑星に誕生した文明が、高度な技術を発達させたら何が起こるのかについて議論することもあろう。友人があなたと異なる意見を持っていれば、徹夜の議論になるかもしれない。だが、数学を駆使して、私たちの理解を超える複雑性をつまびらかにすることは、それとはまったく別の営為である。モデルは、単なる憶測ではなく宇宙がいかに振る舞うのかを示してくれる。モデルが惑星のストーリーに課す、現実に基づいた規定は、そのストーリーに科学的な価値を付与する。つまり惑星のストーリーを、科学的な可能性の領域の内部へと基礎づけるのだ。

本章で取り上げた研究はすべて、第一歩にすぎない。このような試みに、十分な時間と労力をかけたら、いかなる成果が得られるのかを示す概略だとも言えよう。本章で語ったストーリーは、たくさんあるうちの最初のものにすぎず、私たちの理解が深まるにつれ、さらに正確なものになっていくことだろう。

次のステップは、現在のものよりはるかに現実に近いモデルを構築し、それを用いてリアルな例をもっと広範に探究することだ。そのようなモデルを無数の異なる状況を設定しながら繰り返し実行すれば、無数の居住可能な世界の軌跡、すなわち歴史のシミュレーションを手にすることができるだろう。

ハビタブルゾーンの内側の縁の近くを周回する惑星は、温室効果によって引き起こされる暴走する温暖化の影響をきわめて受けやすいため、その文明が「人新世」に直面し崩壊する以前に、そもそも発展を遂げるだけの時間などないだろう。それより恒星から遠い位置に存在する世界は、惑星の変化の影響を受けにくいはずだが、そこで発達した文明は、「集団死」の軌跡にはまり込むまで漸次的な変化に気づかないかもしれない。あるいはそれとは異なる世界では、惑星への影響が小さいエネルギーだけを利用して文明プロジェクトを構築し、持続可能な状態へと穏やかに軟着陸し、何百万年も繁栄を謳歌する文明が出現するかもしれない。

これらのストーリーのどの部分が私たちにとって重要なのか？　その答えは、「重要なのはドレイクの最終項である」という単純なものだ。惑星と文明の推移をモデル化したシミュレーションを数百万回実行し、その軌跡を示す無数のデータを集めれば、文明の平均年齢を計算することができるだろう。文明は、平均してどのくらいの期間存続できるのだろうか？

ここでしばらく、この数値が何を意味するのかを考えてみよう。

地球外文明の平均寿命が二〇〇年だったら、非常に困ったことになるだろう。モデル化された文明のほとんどがたった数世紀で崩壊したら、人類文明のような文明は、惑星規模ではうまく機能しないことになる。平均寿命の短さは、宇宙が持続可能な文明を生まないことを意味するからだ。だから私たち人類は、針の目を通すかのごとく人新世を渡っていかねばならず、間違いを犯す余裕などほとんどないことになろう。その場合、人類文明を救うにはもはや手遅れなのかもしれない。

モデルによってはじき出された文明の平均寿命が数万年なら、それは良いニュースになるだろう。どんな文明も、比較的簡単に人新世の隘路を通り抜けられることを意味するからだ[21]。惑星システムに対する私たちの影響を軽減するための戦略はたくさんあることになるだろう。そこには十分な余裕があり、間違いを犯しても回復が可能かもしれない。

このように、地球外文明の考古学によって得られた、文明の平均寿命というたった一つの値が、人類の未来と現在の行動に関して深い意義を持っているのである。それに基づいて、これからいかなる事態がやって来るのかを予測することができる。そしてその知識を用いて、私たちが直面している問題に対する理解を深め、豊かにし、確たる知見に基づく判断を下すことができるようになるはずだ。

私たちは文明の平均寿命に関する問いに限らず、同様にモデルを使って、人類文明を救える可能性がもっとも高い選択肢は何かを検討することができる。モデルによって描かれたさまざまな軌跡のなかで、持続可能な文明に至るものはどれか、あるいは崩壊を招くものはどれかを問うことができるはずだ。症状が顕著に現われている症例を研究することで病気の治療法を見出そうとする医師のように、文明を滅亡に至らしめる共通の要因を見極めることができるのである。モデルは、地球だけを対象に不確かな未来を予測しようとするような狭い了見では決して知ることのできないさまざまな知見を、私たちにもたらしてくれるだろう。

第6章　目覚めた世界

私たちに必要な惑星

数十億年にわたる宇宙の進化の過程で、人新世をくぐり抜けて持続可能な長期的文明を築いた生命があったとすると、その生命は最終的にどうなったのだろうか？　彼らの惑星はどのような姿をしていたのか？　大気、水、岩、生命、そして先進技術を発達させ惑星全体に拡大した、エネルギーを大量消費する社会が結びついたシステムという観点から見た場合、そのような世界はいかに機能するのか？　私たちがこれらの問いに強い関心を寄せているのは、そのような文明の構築がまさに、私たちが目指すべき目標でもあるからだ。

「惑星の（planetary）」と「持続可能な（sustainable）」という用語が並べられると、さまざまな希望的観測が噴出してくる。それには、田園風情を装った垂直に伸びる農場や建物が立ち並ぶ優雅なエコ都市に、瀟洒な電車がすべり込んでくる「緑のユートピア」などといったビジョンがともなっている。その種の持続可能な都市を思い描くことは至って簡単だが、持続可能な惑星を思い描くのは、それほど簡単ではない。これまでつねに、都市は人間に支配される領域であった。都市とは、人類の文明プロジェクトが自然を素材に彫琢してきた空間なのである。だが惑星は違う[1]。

惑星の主人は惑星である。宇宙生物学はそう教えてくれる。世界を形成するプロセスは強力で複雑、そして緻密だ。惑星は、次第に洗練されていく因果関係のネットワークを通じて巨大なエネルギーを誘導する。このネットワークは、微細な粉塵が風によって数千マイル運ばれる、あるいは火山によって大気に噴き上げられた化学物質が数百万年後には深海の底に横たわる岩に閉じ込められるなどといった形態で作用する。それに生命を加えれば、惑星システムは、無限とも言えるほどはるかに複雑なものになる。なぜなら、共進化する生物圏を含むようになるからだ。

では、健全な長期的文明プロジェクトを擁する健全な惑星は、いかに機能しているのか？　この問いに答えるためには、調査を最終レベルへと進めていかねばならない。人類の文明プロジェクトが十分に持続可能なものになるよう現状を乗り越えていくためには、単に惑星のように考えるだけでなく、文明という媒介を通じて考えることを学んだ惑星の持つ深遠なる意義を理解する必要がある。では、惑星全体が目覚めるとは、いったいどういう意味なのか？

ビュラカン会議

グリーンバンク会議での出会いから一〇年が経過した頃、フランク・ドレイクとカール・セーガン、および最初の会議に参加した他の二人のメンバーは、再び顔を合わせることになる。今回出会ったのはウエストバージニア州の森のなかではなく、アルメニアの山中であった。ドレイクと同僚たち、そしてソ連の科学者の一団は、星間文明に関する史上初の真の星間会議（つまり国際会議）のために、ビュラカン天文台に集まっていた。[2] グリーンバンク会議は参加者が九人しかいない親密な催し物だったが、一九七一年のビュラカン天文台会議には、ソビエトとアメリカの著名な科学者を含む、四〇名以上の参

図19　一九七一年にアルメニアのビュラカン天文台で開催された最初の国際ＳＥＴＩ会議の参加者。右がカール・セーガン。

加者があった。フランシス・クリック（ＤＮＡの二重らせん構造の共同発見者）とチャールズ・タウンズ（レーザーの発明者）らのノーベル賞受賞者がおり、さらにはＡＩ分野の開拓者マーヴィン・ミンスキーや、脳の研究でのちにノーベル賞を受賞することになるカナダの神経生理学者デイヴィッド・ヒューベルらが参加していた。[3]

ビュラカン会議で中心的な役割を果たしたのは、カール・セーガンであった。冷戦のさなかにあってセーガンは、願わくはより成熟した他の文明のなかでの人類文明の立場について論じ合う国際会議の象徴的な価値をよく理解していた。だが、アメリカの宿敵であったソ連で会議を開催することは、簡単な仕事ではなかった。それを実現するためには、ソ連側にも、彼と同様にカリスマ的で宇宙の生命に強い関心を抱くパートナーが必要であった。そのパートナーになったのは、ニコライ・セミョーノヴィチ・カルダシェフだった。

セーガンより一歳半年長のカルダシェフは電波天文学者で、銀河や星間物質の研究ですでに重要な業績をあげていた[4]。また彼は、オズマ計画の数年後に実施されたソ連初の地球外文明探査を推進した一人でもあり、グリーンバンク会議から数年が経過した一九六四年に開かれた、ソ連国内では初のSETI会議を主催した人物でもあった。この会議のおりに書いた報告書によって、彼は他の世界における生命やその進化に関する権威として国際的名声を確立した。

その報告書でカルダシェフは、地球外文明における技術の発展を描く概略を提示している。彼のこの考えは、文明の長期的な運命に関する自由な議論が夜明け前まで続けられたビュラカン会議で重要な役割を果たした。だが、カルダシェフ・スケールと呼ばれるようになる彼の提案はビュラカン会議が終わってからも、ドレイクの方程式に匹敵するほど長く影響力を持ち続けた[5]。

カルダシェフ・スケール

文明の発展を測る尺度(スケール)を提案したとき、ニコライ・カルダシェフの主たる関心は、地球外文明を発見することにあった。彼の問いを単純化すると、「技術の高度化の階梯を登っていく文明の進歩を特徴づける指標とは何か?」となる。文明は明確に区分された量的測定が可能な段階を追って発達するという基本的な考えは、文明の発達を数量化する手段を提供することで、地球外文明をめぐる議論を単なる憶測を超えるものにするための手段を与えた。彼の主たる関心は地球外文明の発した電波を探知することにあったが、カルダシェフ・スケールは、地球外文明の進化について考えるための一つの手段を与えてくれた。とはいえそれには、文明とそれを宿す惑星の関係に関して、本質的に誤った先入観が横たわっている。宇宙生物学の視点から人新世を無事に切り抜けていくための賢明な道筋を探るにあたって、この先入観の矯正は、必須のステップをなす。

カルダシェフは、彼の尺度を、文明が利用できるエネルギー源に基づいて区分けしている。カルダシェフ・スケールは、次の三つの段階から構成される。

・タイプ1

タイプ1文明は、その惑星の全エネルギーを利用することができる。具体的に言えば、このタイプの文明は、恒星から地表に降り注いでくるすべての光エネルギーをとらえる能力を持つ。というのも、ハビタブルゾーンに位置する惑星上で利用可能な最大のエネルギー源は、たいてい恒星エネルギーであろうと考えられるからだ。地球は毎秒、数千発の原子爆弾の爆発に匹敵する量のエネルギーを太陽から受け取っている。[6] タイプ1文明は、文明の構築のためにこの巨大なエネルギーのすべてを自由に利用する能力を獲得するだろう。

・タイプ2

タイプ2文明は、親星の全エネルギーを利用することができる。太陽が毎秒発しているエネルギー総量は、地表に降り注いでいる太陽エネルギーの十億倍にのぼる。物理学者のフリーマン・ダイソンは、先進技術を発達させた文明なら恒星の周囲を包む巨大な球を築くであろうと主張する論文を一九六〇年に発表し、カルダシェフの考えの一部を先取りしている。[7] この太陽系大の装置は、内部表面を太陽電池で覆うなどして、恒星が発する光エネルギーをとらえる。このいわゆる「ダイソン球」は、カルダシェフの分類するタイプ2文明が、いかにエネルギーを確保するのかをめぐって科学者が考える際に思い浮かべる一種の元型になっている。

・タイプ3

タイプ3文明は、その銀河系の全エネルギーを利用することができる。銀河系は一般に、数千億の恒星を含んでいる。タイプ3文明は、その銀河系のあらゆる恒星の周囲をダイソン球で包むことができるのかもしれない。あるいは、私たちには想像できないような高度な技術を持っているのかもしれない。

カルダシェフ・スケールは、科学的な想像力がもっとも壮大なスケールで、そしてそれゆえもっとも神話的なレベルで働いた格好の例だと言えよう。一個のダイソン球でさえ、途方もない大きさと能力を持った装置になるだろう。太陽の周囲に建設され、地球の軌道の半径を持つダイソン球の内部表面は、一京平方マイル［二・六京平方キロメートル］以上を覆う（これはほぼ地球一〇億個分に相当する）。それだけの大きさの装置を建設するためには、資材の調達のために惑星の一つや二つはつぶさなければならない。そんなものが近い将来できるとは考えられない。ダイソン球は、間違いなくSFの世界に属している。

しかし文明の進化の尺度として、恒星エネルギーをとらえる技術に焦点を置くことで、カルダシェフのSFのような文明進化の概観を、リアルな物理に基づく現実世界のなかにしっかりと位置づけることができるだろう。カルダシェフ・スケールの射程の長さはそこにあり、それゆえ現在でも言及されているのである。たとえばペンシルベニア州立大学のジェイソン・ライトら数人の研究者たちは、タイプ2文明がダイソン球を介して発した電波の徴候を探査する天文学的研究を行なっている。[8] 天文学者のミラン・M・チルコヴィッチが二〇一五年に書いているように、「カルダシェフ・スケールは、先進技術を発達させた地球外文明を考えるにあたって、もっともよく知られ、頻繁に引用されるツールになっている」のだ。[9]

カルダシェフ・スケールの影響力の大きな部分は、文明の発達を一貫して技術的側面からとらえることで、科学と神話的なスケールの楽観主義を結びつけた点にある。その意味するところは、疑いもなく希望に満ちている。現時点では想像すら不可能な力と射程を手にする未来に向けて今後も技術の発展を遂げていくのなら、当然ながら人類は、カルダシェフが提起する各段階を経過していくことになるだろう。ダイソン球を建設できる文明は、私たちにとっては高度な技術の化身のように思える。物理学では、力は単位時間あたりに消費されるエネルギーとして定義される。カルダシェフ・スケールはエネルギー消費にはっきりと基礎づけられているので、この尺度の適用には、文明の持つ物理的な力とメタファーとしての力の結びつき、すなわち科学と神話の結びつきがともなう。「この尺度が示すところを十分に達成すれば、私たちは神のごとき存在になれるのだ」と、カルダシェフ・スケールはささやいているのである。

何人かの著者が、今日の人類文明がカルダシェフ・スケールのどこに位置するのかを計算しようとしてきた。カール・セーガンは一九七六年、世界のエネルギー生産に基づいてカルダシェフ・スケールの「分数値」を計算する方法を提案している。[10] セーガンの計算によれば、人類文明はやがて、タイプおよそ〇・七になる。フリーマン・ダイソンはさらに進んで、およそ二〇〇年で完全なタイプ1文明に達するだろうと予測している（タイプ2文明に達するには、さらに一〇万年から一〇〇万年が必要だとしている）。[11]

これは良いニュースに聞こえる。人類文明は、たった二世紀で真のタイプ1文明になれるのだから。問題はもちろん、人類文明がそこまでたどり着けない可能性が十分にあることだ。私たちの文明プロジェクトはたった今、隘路を通過している最中であり、そこをうまく切り抜けられるという保証はどこにもない。

カルダシェフ・スケールは、地球外文明の探究の歴史のなかでも、特定の時点にその起源を持つ。セーガンやドレイクと同様、カルダシェフは未来に対してテクノユートピア的な展望を抱く環境のもとで育った。この展望のもとでは、技術は人類を救済する宿命を帯びた、輝かしい光沢を放つ機械だと見なされていた。技術の発展とその力には限りがないと考えられていた。カルダシェフ・スケールが、エネルギーのみに焦点を置く理由はそこにある。文明は、銀河系全体が採掘可能なエネルギー源になるまで、エネルギー収奪（ハーベスティング）の発展の階段をのぼっていくと期待されていたのだ。そして（カルダシェフの文明タイプの）各段階において、物理的なシステムに対するエネルギー収奪のフィードバックは無視できるとされている。つまり惑星、恒星、銀河系は、文明に屈するだけだと前提されているのである。

恒星や銀河系は、文明がエネルギー資源に対して行なうことにまったく無関心でいられるのかもしれないが、惑星となると話は異なる。それこそが、人新世が私たちに与える苦い教訓なのだ。

太陽系や銀河系全体を対象とするエンジニアリングについては、現時点では憶測するしかないので、それにいかなる困難がともなうのかはとうてい知り得ない。しかしタイプ1文明の焦点である惑星に関して言えば、私たちはすでに、カルダシェフ・スケールが前提とする惑星の簒奪がいかなるものかを見極めるのに十分な知識を持っている。それは、世界を取り巻く、自然が完全に管理された都市という形態で体現される先進文明という展望を受け継いでおり、SFはその種の展望で満ちている。たとえばアイザック・アシモフの古典的な『ファウンデーション』シリーズに登場する銀河帝国のホームワールド、トランターの地面は、たった一つの惑星大の都市を構成する、数百マイルにも及ぶ幾層もの機械的な外殻構造に覆われている。[12] 比較的最近の例では、『スター・ウォーズ』の銀河共和国のホームワールド、コルサントがあげられる。そこでは、屹立する高層建築物のあいだを「エアカー」がひっきりなしに通っている。これらの例は、強大なエネルギー収奪能力を持つ文明によって支配された惑星が、いかなるものになり得るかを示している。

しかしカルダシェフが独自の分類システムを提案してから数年以内に、私たちは「惑星の生物圏はそう簡単には無視できない」という教訓を、身をもって学ぶことになる。ラブロックやマーギュリスらの業績から、惑星と生命に関する新たな科学的理解が誕生した。現在では、惑星は生命が存在していなくても複雑なシステムを形成することが知られている。活気に満ちた生物圏が存在するなら、それは惑星を構成する複雑なシステムの一部になる。システムの、生命を含む部分と含まない部分は共進化を遂げ、かくして相互作用し合うさまざまな惑星システムは、独自のダイナミクス、つまり論理を持つ。カルダシェフが望んでいたように、文明の軌跡のマッピングを行なうためには、この論理を十全に考慮する必要がある。

ここでも私たちは、人類文明のような文明を、それを生んだ世界から切り離してとらえる見方を捨てなければならない。他の世界で起こり得るものも含め、あらゆる文明は、それを宿す惑星の進化の歴史の表現でもある。この観点から見れば、人類の文明プロジェクトは未来の主人などではなく、地球の歴史における結果の一つにすぎない。どんな文明も、その惑星で生じる変化や進化の歴史の内部で生じる、新たな形態の生物圏の活動としてとらえられねばならない。

したがって、単にエネルギー消費（カルダシェフ・スケールの焦点はそこにある）のみを考慮すればよいというものではない。そうではなく、エネルギー変換という観点から考えることを学ばなければならない。その際、惑星システム内でのエネルギーの流れを制約する物理法則を考慮に入れる必要がある。つまり私たちは熱力学的な視点をとって、太陽光エネルギーが空気を上昇させるエネルギーに変えられ、さらにそれが降雨をもたらすエネルギーに変えられるなどといった経緯を生物細胞に蓄積されたエネルギーに至るまで追跡していく必要があるのだ。

エネルギー変換の限界は、人新世の基本的な教訓である。惑星を自分の思いどおりに利用することなどできない。つまり、文明構築のためにエネルギーを利用すれば、必ずや惑星からフィードバックが戻ってくる。その代わり私たちは、生物圏と文明を相互作用し合う惑星システムの一部としてとらえるよう理解を深めていく必要がある。これは、いかに文明がタイプ1の段階に達し、可能なら十分に長く存続してそれ以上を目指せるのかを描く新たなマップを作ることを意味する。このように、長期にわたって存続できるエネルギー集約型文明の発達は、生命とそれを宿す惑星の相互作用という観点から考察されねばならない。

持続可能な文明は、生物圏から「突出」するのではなく、何らかの方法で相互作用を及ぼし合う惑星システムと長期にわたる協調関係に入らなければならない。しかし、その関係とはいかなるものか?

ハイブリッド惑星としての地球

惑星は、自然が持つ、星の光を興味深い何かに変換する手段でもある。数十億年にわたる惑星の進化は、恒星の光を吸収し、そのエネルギーを何か別のものに変換するためにいかなるプロセスを利用できるのかに依存する。雷雨から森林、さらには文明に至るまで、宇宙史における惑星の進化のストーリーはエネルギー変換に関するストーリーでもある。

エネルギーの流れは、「熱力学」が扱う領域に属する。たとえば、自動車のエンジンは「熱機関」、つまり熱力学システムである。シリンダー内部でガソリンが点火し、化学物質の分子結合エネルギーが高熱ガス、すなわち熱エネルギーに変換される。膨張する高熱ガスはピストンを押し、それによって熱エネルギーが運動エネルギーを媒介とする動きに変換される。このピストンの動きは、ギアによって車輪の動きに変えられる。

したがって、重要なのはガスタンク内のエネルギーだけではない。着目すべきは、化学形態から運動形態へのエネルギーの変換なのだ。エンジンブロックの加熱や、路面とのあいだで生じるタイヤの摩擦などによって、もとの化学エネルギーの一部は散逸する(失われて車を動かすという仕事に役立たなくなる)。

熱力学は、エネルギー変換の限界について教えてくれる。（たとえばガスタンクの燃料に含まれる）もとのエネルギーのすべてを、有用な仕事に役立てることはできないということを教えてくれるのだ。その一部は必然的に「廃棄物」にならねばならない。自然は熱力学の法則を通じて、この限界を宇宙に組み込んでいる。[13]だから熱力学は、惑星と文明、そしてそれらが共有する運命を考察するための正しい手段を提供してくれるのである。

水星のような大気のない惑星に関して言えば、利用可能なエネルギー変換の様式は非常に限られている。日光は水星の表面に当たる。地表は暖まり、宇宙空間に向けて熱を放射する。惑星の表面がひとたび平衡温度に達してしまえば、語るべきストーリーはほとんどなくなる。だから水星は、ここ三〇億年間、来る日も来る日もほとんど同じ様相を呈してきたのである。[14]

しかし惑星に大気が加わると、ストーリーははるかに興味深いものになる。日光が大気を持つ惑星の表面に当たると、地表付近の空気は暖められる。すると暖められた空気は上昇し、大規模な「対流」循環が引き起こされる。大気ガスは上昇し、冷却され、地表に向かって下降し、再度この循環が開始される。大気の対流は、日光を運動に変換する一種の惑星の熱機関なのである。

大気に水や二酸化炭素などの「揮発性物質」が含まれている場合、この循環の内部で蒸発や凝縮が起こり得る。[15]たとえば水は、地表付近で蒸発し、周囲の空気とともに上昇する水蒸気になる。高みにのぼって空気の温度が下がると、水分は再び液体へと（水滴として）凝縮する。かくして雨や雪などの興味深い現象が起こるのである。大気のない世界では、そのような現象は起こらない。

これらの成分、つまり蒸発したり凝縮したりする物質を含む大気は、その惑星に気候や天候を付与する。だから火星のような比較的「死んだ」世界でさえ、砂嵐、霧、あるいは霜が出現したり消滅したりして、日によって様相が異なって見えるのだ。

雨水や川の形態で地表を流れる液体の存在は、岩の強い風化を始動し得る点で、「興味深さ」の新たな層をつけ加える。つまり鉱物に閉じ込められた元素が、大気や地表を流れる液体と交換することによって、さまざまな惑星システム間で、これらの物質の「循環」が起こるのである。[16] 循環やフィードバックの分岐した経路は、惑星に新たな豊かさをつけ加え、さらに複雑なあり方で惑星が進化することを可能にする。

重要なのは、これらのプロセスのすべてが基本的にエネルギー変換である点だ。大気は、空気の上昇や下降という形態で太陽光エネルギーを運動エネルギーに変える。大気に水や二酸化炭素が含まれることで、運動エネルギーは蒸発や凝縮に関連するエネルギーへと注ぎ込まれる。また、風化や岩の内部における化学結合の分解もエネルギー変換の一形態である。したがって、生命の存在しない惑星でさえ、日光をとらえてさらに複雑な仕事に用い、変化、進化、革新を駆り立てることができるのだ。

進化やエネルギーに関して以上のように考えることで、マリナ・アルベルティ、アクセル・クライドン、そして私は、惑星の新たな分類方法を提案するに至った。[17] カルダシェフ・スケールが惑星に降り注ぐエネルギーの総量に焦点を絞っているのに対し、われわれは、惑星の内部において、降り注いできたエネルギーに何が起こるのかに関心を抱いていた。ここで言う「内部」とは、地表より下の部分ではなく、連携し合うさまざまな惑星システムの内部を指す。降り注ぐ日光という形態で、太陽エネルギーが大気、水圏、生物圏などの互いに関連し合う諸システムのネットワークを通過していくと何が起こるのだろうか？

カルダシェフとは異なり、われわれにとって惑星の新たな分類方法を考案する目的は発見ではなく（とはいえ、発見にも有用であることがわかっている）、物理学、化学、生物学の法則を惑星規模で用いて、その進化がどこに行き着くかを見極めることにあった。とりわけわれわれは、すでに十分な理解が得られている惑星を用いて、まだ理解できていない惑星、すなわち持続可能な文明を擁する惑星の特徴を描き出したかった。

協業を進めていたわれわれ三人は、宇宙における惑星の巨大な調査（センサス）を行なうにあたり、五つの主要なクラスに惑星をグループ分けできるのではないかと考えるようになった。

われわれの図式では、水星のような大気のない世界は、クラス1惑星として分類される。日光の変換は単純であり、そこで起こる仕事の量と複雑さは限られている。クラス1惑星は、紛うかたなき死の世界であると言えよう。

火星や金星のような、大気はあっても生命が宿っていない世界は、クラス2惑星として分類される。惑星システムの内部でなされる仕事は、日光によって引き起こされる気体や液体の流動によって代表される。これらの仕事は、日毎の霧の発生、年単位で起こる砂嵐など、一定の時間スケールで種々の現象が生じることを可能にする。

クラス3惑星は、われわれが「薄い」生物圏と呼ぶものを宿す惑星をいう。この世界では、生命はすでに誕生している。そして生命は、連携する他の惑星システムに影響を及ぼしてはいるが、それらを支配してはいない。この状況を数量化する一つの方法は、惑星の「純生産性」、つまりその惑星の生物圏がどれくらいの量のエネルギーを収奪しているかを調査することである。ドナルド・キャンフィールドの見積もりによれば、太古代初期における生物圏の純生産性は、現在と比べ一〇〇分の一にすぎなかった[18]。したがって、太古代の地球は、クラス3世界であったと見なせる。また、湿潤な初期の地質時代にあたるおよそ四〇億年前の火星に生命が存在していたら、その頃の火星もクラス3世界であったことになる。

それに対しクラス4惑星は、生命に乗っ取られている。つまり動物、植物、微生物から構成される深いネットワークである「厚い」生物圏を持つ。それらの生物は互いに扶養し合い、他の惑星システムへと生成物を戻す。大酸化イベントによって生成された大気中の酸素の存在は、私たちが、惑星の進化において生命が並外れて大きな役割を果たす、生物圏に支配された惑星で暮らしている事実を如実に物語っている。したがって、一万年前に文明が誕生する以前の地球は、クラス4世界であった。

われわれの提起する図式は、これら四つの惑星クラスには現実的な事例が存在するという事実に基づいている。われわれは、これらの既知の世界に関する知識を通じて、いかに太陽エネルギーが惑星システム全体を扶養し、進化を駆り立てているのかを理解することができた。そしてこの知識は、持続可能な文明を宿す世界という、仮説的な第5のクラスの惑星の基本的な特徴を見極めるための足場を提供してくれた。

クラス1からクラス4へと進化するにつれ、エネルギーの流れとエネルギー変換の複雑さが増していくことがわかる。太陽エネルギーの仕事量への転換という意味では、クラス1世界はほとんど何もできない。クラス4世界は、太陽エネルギーの仕事量への変換を誘導するプロセスの豊かなネットワークで構成される。熱力学の観点から見ることで、私たちは、いかに惑星が、クラスが上がるごとに、降り注ぐ恒星の光を進化の原動力へと変えていく新たな方法を「見出していった」のかを理解することができる。生命のない世界でも、この進化は豊かなものであり得るが、その経路はつねに純然たる物理や化学によって規定される。そのような世界は、ある意味で細部に至るまで容易に予測が可能なものになる。クラス3、4の世界でひとたび生命が誕生すると、物理や化学は生物の進化に取って代わられる。生命は、仕事を行なうためのまったく新たな手段をあみ出し、他の惑星システムに影響を与え返す新たなプロセスを形成する。

複雑性、仕事、エネルギーの流れの関係は、クラス5の惑星がいかなるものかを理解するためのカギを与えてくれる。クラス4世界の厚い生物圏は、クラス3世界の薄い生物圏より多くのエネルギーを仕事量に転換する能力を持つ。また、クラス3世界はクラス2世界より多くのエネルギーを仕事に投入できる。その線で考えると、持続可能な文明を擁するクラス5世界は、光エネルギーの仕事量への変換をさらに効率的に行なえるはずだ。クラス5惑星では、惑星全体を覆う文明を含むようになった生物圏は、クラス3やクラス4の世界よりさらに生産性を増している。文明は、カルダシェフが考えていたように、より多量のエネルギーを収奪するようになるばかりでなく、当の惑星を危険な場所に変えないようなあり方で、エネルギーを仕事量に転換する方法を手にしていることだろう。そのような文明は生物圏の一部として、哲学者が言うところの「行為主体性（エージェンシー）」をつけ加え、目的をもって選択を行なう。つまりクラス5惑星は、「行為主体が支配する」生物圏を宿す。かくして文明は、他の自然システムと意図して協調しながら、それ自身と生物圏全体両方の繁栄と生産性を増大させていくのである。

クラス5世界は、砂漠を生産的な生態系に変えていくだろう。その種の「砂漠の緑化」は、正しく実行されれば、変動する気候を安定化させることができるだろう。あるいはこの世界は、光合成能力と発電能力の両方をあわせ持つ植物を生み出すかもしれない（その研究は現在でも行なわれている）[19]。もしくは、生物圏の総生産性や惑星の健全性を促進すべく（あるいは少なくとも低下させないよう）一定の地域を太陽電池で覆うことも考えられる。可能性はいろいろと考えられるが、われわれの研究の意図は、行為主体に支配されたクラス5の生物圏がとり得る正しい方向を示唆することのみにある。クラス5世界という基本的な概念を未来の戦略として据えるために今後なされるべき研究はたくさんある。

では、現在の地球はこの分類のどこに当てはまるのか？　人新世に入ったことを考えれば、クラス4から離脱しつつあることは明らかだ。私たちの行なう活動や選択は、生物圏や他の惑星システムの状態を大きく変えている。しかし惑星科学者のデイヴィッド・グリンスプーンらが指摘するように、私たちは長期的な展望なしにそれを行なっているのだ[20]。地球を何か新しいものに変えようとしているのに、その新たな状態が、長期的に見て人類の存在を許すのかどうかを見通せないでいる。人新世初期にあたる地球は、もはやクラス4世界ではないが、クラス5にはまだ達していない。あるいは決してクラス5には到達できないのかもしれない。現在の地球は、ハイブリッドな世界だと言える。以前とは異なる状態へと移行しようとしているのだが、人類の文明プロジェクトに危険を及ぼすようなあり方でそうしようとしているのである。

惑星を五つに分類する方法の考案にあたってわれわれが重視したのは、文明を生物圏の上に置くのではなく、その文脈のもとに戻すことであった。この観点からすると、持続可能な文明は、惑星の進化という長いプロセスの延長線上にあるものと見なされる。生物圏は文明を宿していなくても、それ自体がすでに、新たな何かを生み出す行為主体である。酸素を産生する微生物から草原や（毛深いマンモスなどの）大型動物に至るまで、生物は、惑星システム全体に影響を及ぼす、ポジティブ、もしくはネガティブなフィードバックの網の目に組み入れられる新たな何ものかを生み出す。ラブロック、マーギュリス、そして彼らが提唱するガイア理論は、「生物圏は、そのシステムを安定させるフィードバック機構を進化させる能力を持つ」という大きな教訓を私たちに与えてくれる。行為主体に支配された持続可能な生物圏も、その点で何ら変わりはない。

ウラジーミル・ヴェルナツキーは生物圏に関する画期的な業績をなし遂げたあと、彼が「ノウアスフィア（noosphere）」と呼ぶものを通して惑星が「目覚める」可能性について考えるようになった。知性を意味するギリシア語の「ヌース（noos）」から造語されたこの言葉は、惑星を包む思考の殻を意味する。それは、思考し技術を発達させることのできる生物を、生物圏が進化させた結果生まれたものである。ヴェルナツキーにとってノウアスフィアの誕生は、地質から生命を経て心に至る惑星の進化の次の段階を示すものであった[21]。

クラス5惑星は、ノウアスフィアを進化させた世界としてとらえることができよう。今日のインターネットを構成する通信網は、地球におけるノウアスフィアの初期バージョンとしてすでに機能し始めている。かくして私たちは、持続可能な世界がいかなるものになるのかを示す輪郭をすでに描きつつあるのかもしれない。生物圏と真に協力的な共進化を遂げるためには、技術文明は、集合的な心の成果である技術を、それ自身と惑星全体の繁栄に対する気づきの網の目として役立たせる必要があろう。

私たちは惑星支配の通貨としてエネルギーを重視するカルダシェフ・スケールの見方を超えて、次にとるべきステップに関して星々から貴重な教訓を汲み取ることができるだろう。惑星は、イノベーションのエンジンである。しかしクラス1からクラス4までは、このイノベーションは盲目的になされる。つまり純粋に偶然とメカニクス（物理法則、化学法則、生物進化）の産物にすぎず、そこに目的は存在しない。

ガイア理論のもっとも声高な批判は、地球を特定の方向へと導きたいと、生命が「望んでいる」と示唆しているかのように解釈できるというものであったことを思い出されたい。ガイア理論は、そのような批判に答えることで、より穏健な地球システム理論に変わっていった。進化は再び盲目的なものになった。だが文明が誕生してその文明が人新世を引き起こしたら、盲目の時代は終わりを告げなければならない。

もっとも深い意味において、クラス5惑星はガイアの完成を表している。その世界では、惑星全体が進化の方向、つまり目的を持っている。これこそが、行為主体の支配する生物圏という言葉の意味するところだ。この文明は自らの存続を目指して、それ自身を生物圏の表現として認識し、とるべき方向を選ぶのである。

だから私たちは、世界を屈服させようとするのではなく、それに計画を持たせなければならない。私たちの文明プロジェクトは、惑星が考え、決定し、人類の未来を導くための一つの手段にならねばならない。かくして私たちは、地球が目覚めるにあたっての行為主体にならなければならないのだ。

とどのつまり、私たちが直面している問題は、一三世紀の心しか持たずに二三世紀の難問に立ち向かわなければならないところにある。人類の文明プロジェクトは、一万年前に誕生した頃には想像もできなかったような規模で成功を収めた。だがこの成功には、これから何世紀も続くはずの重大な結果がついてきた。

人類文明の長い歴史を通じて、私たちは人類が宇宙に占める真の位置を知らず、それゆえ地球の進化における自分たちの位置も理解することができなかった。だが現在では、科学を通じて新たな真実を知ることができる。地球は数兆の世界のなかの一つにすぎない。そして私たちのストーリーは、一回限りのものではない。今や私たちは、文化、国家、政治の境界を超えた人類のストーリーを作ることができるのであり、また、作らなければならない[22]。

間違いなく人類は、地球の気候を劇的に変えた最初の生物ではない。それは過去にも起こった。そのストーリーがどのように展開したかを、今では知ることができる。地球はおそらく、文明を発達させた最初の惑星ではないだろう。惑星に関してここまで学んできたことを念頭に置けば、気候変動を含めた過去のストーリーがいかに展開したのかを見て取ることができるはずだ。

しかし、惑星にとって、あるいは私たちにとって、人新世が何を意味するのかに関しては話が異なる。化石燃料の消費などの、人新世を駆り立てている要因に何も対処しないままでいれば、人類文明のような複雑でグローバルな文明には対処が非常に困難な領域へと地球を追いやる結果になるだろう。人類の文明プロジェクトがしばらくのあいだ、あるいは永久に崩壊したとしても、地球は私たち抜きで泰然として存続していくことだろう。その意味では、気候変動や人新世への緊急を要する対処は、「地球を救う」こととは何の関係もない。人新世への突入は、人類の文明プロジェクトが独自の惑星の力になったことを示している。それは私たち自身について語らねばならない新たなストーリーであり、すべてはそこから学び、その知見に基づいて行動することにかかっている。

私たちは本書を通じて、このストーリーの進化に関する、より細かなストーリーを新たなナラティブへと組み立ててきた。より遠くを眺望できるよう私たちを山頂へと導いてくれた英雄的な科学者に出会ってきた。そこには、同僚のあざけりをものともせず、地球外文明の存在を科学的探究の対象として真剣に取り上げてきたフランク・ドレイク、ジル・ターター、ニコライ・カルダシェフらがいた。彼らの努力によって、私たちは生命や星々を新たな光のもとで見ることができるようになった。宇宙空間を超えて太陽系の他の惑星にロボット大使を送った、ジャック・ジェームズやスティーブン・スクワイヤーズのような探究者もいた。彼らやロバート・ハーバールらの研究者の業績を通じて、私たちはあらゆる惑星を支配する気候や進化の法則を学んだ。ウィリ・ダンスガードのような軍に所属していた科学者は、グリーンランドの氷床の上に建設されたキャンプセンチュリーまであえて出かけて調査を続け、地球の気候の推移を遠い過去にさかのぼって観察できるようにした。それから世界を旅して、地球と、それが宿す生命の深い歴史を明らかにしたドナルド・キャンフィールドのような人物が登場した。それらの知識を統合したのは、ウラジーミル・ヴェルナツキー、ジェームズ・ラブロック、リン・マーギュリスら先見の明のある科学者たちであった。彼らは、生命が惑星とパートナーを組んで何かより大きなものへと進化していくことができるという事実に、私たちの目を開かせてくれた。他の惑星の発見という仕事は、ミシェル・マイヨール、ビル・ボルッキ、ナタリー・バターリャらが行なってきた。彼らの業績は、数千年来の問いに答え、夜空を一兆の一兆倍の世界と可能性で満たした。そして最後に、本書で頻繁に登場したカール・セーガンがあげられる。この新たなストーリーが持つ可能性の認識は、誰よりも彼の天才に負っている。

科学は私たちに、人新世という難題に直面している人類が前進できるよう導いてくれる新たな視点を与えてきた。しかしそれを活用するためには、私たちはこの新たなストーリーに注意深く耳を傾け、それを真に自分自身のものにしなければならない。

成長するべきときがきたのだ。

本書の中心的な議論（それはすでにカール・セーガンが理解していたものだが）は、「人類とその文明プロジェクトは、一種の〈宇宙のティーンエイジャー〉だ」というものである。人類は、自らと自らが住まう惑星に対して力を行使できるほどにまで文明を発達させた多数の世界のなかの一つにすぎないのかもしれない。だがティーンエイジャーと同様、自分たちと自分たちの未来に対して十分な責任をとれるまでには成熟していない。

私たちが成熟し、人新世に対処する能力を身につけるためには、まず宇宙生物学的な視点を身につける必要がある。つまり人類や人類の文明プロジェクトは、現在進行中の地球による進化の実験の成果以上のものではないということを、しっかりと認識しておかなければならない。いかなる惑星のどんな文明も、その世界の創造性の現われ以上の何ものでもない。私たちは、私たちが「異星人（エイリアン）」と呼ぶものと何の変わりもない。

だから私たちは、視点を変えなければならない。「私たちが気候変動を生み出したのか？」という古くさい問いを尋ねることはやめるべきときがきた。「もちろん私たちが生み出したのだ」という宇宙生物学的な真実をしっかりと認識しなければならない。人類は惑星全体に広がる文明を築いてきた。だから起こるべきことが、起こるべくして起こったのだ。

とはいえ、気候変動は悪意をもって引き起こされたのではないという点も認識しておく必要がある。私たちは地球に群がる害虫ではない。私たちは惑星である。少なくとも、地球がたった今行なっていることである。しかし一〇〇〇年、あるいは一万年後に、それと同じことが言えるという保証はどこにもない。

地球の子として、私たちは星の子でもある。何はともあれ人新世はその事実を、吹きすさぶ嵐の咆哮や、砂漠の猛暑、奥深い森林の冷ややかな静寂と同じくらい、私たちにとってリアルなものすることができる。星の光や、それが他の世界や人類文明の可能性について教えてくれることを通じて、私たちは無事に思春期を切り抜けるためにとるべき道を学ぶことができる。そうすれば、成熟したおとなになって、自分たちが抱いている展望や可能性を十分に開花させることができる。そして人新世を、人類文明と地球の両方にとって新たな時代にすることができよう。だが、私たちのストーリーはまだ書かれてはいない。私たちは現在、星々の光に照らされながら、それらの世界に加わることができるか、それに失敗するかの岐路に差し掛かっており、その選択は、私たち自身が行なわなければならないのだ。

謝辞

本書は、何人かの非常に賢く親切な人々の支援と、おりに触れての直接的な介入なくしては完成し得なかった。まず、何年にもわたりさまざまな方法で私を支援し、密接に連携をとりながら私の初期の考えを一貫した形態へと発展させる援助をしてくれた、ロスヨーンエージェンシーのハワード・ヨーンにお礼の言葉を述べたい。またW.W.ノートン社の担当編集者マット・ウェイランドは、私の最初の考えを、いかに本書で、よりはっきりと定義された形態で明確に表現すればよいのかについて、当初から確たる見通しを持っていた。彼と仕事をするのは大きな喜びであった。私は、そのような彼の見識が本書にうまく反映されたことに対して、深い感謝の念を抱いている。単刀直入に言えば、彼は偉大な編集者だ。また、W.W.ノートン社のスタッフにレミー・コーリーがいたことにも感謝している。編集や校正などの作業において、彼女の正確さと思慮深さは、不可欠のものであった。本書を執筆するにあたって、幸運にもロチェスター大学に通う二人のすばらしい学生がアシスタントを務めてくれた。モリー・フィンは、事実の検証と適切な参考文献の収集に忍耐強く貢献してくれた。エリーゼ・モーガンは、秋の季節に、画像の探索や使用許可の取得に奔走してくれた。若き学者としての卓越した能力を持つ二人の助力が得られたことは実に幸運であった。

一人の科学者として、自分の専門領域に収まり切らないトピックについて本を書くことには、つねに少しばかり怖れの感情がともなう。私の場合、それには大気化学のような科学分野のみならず、本書で探究したかった驚異的な発見の歴史も含まれる。本書に誤りがあれば、その責任はすべて私にある。いずれにせよ、正しいストーリーを語りたかった私は、何人かの科学者に助力を乞うた。彼らは寛大にも、多忙な時間を割いてくれた。とりわけ私の共同研究者であるワシントン大学のウッディ・サリバンは、いくつかの卓越した洞察を草稿に吹き込んでくれた。彼に対する私の感謝の念はとても深い。ペンシルベニア州立大学のジェイソン・ライトは、初期の草稿を徹底的に読み込んでくれた。彼は本書の内容をより正確なものにしてくれたばかりでなく、地球外文明に関連するいくつかのトピックについて、もっと深く考えるよう促してくれた。ジル・ターターは何度も私のインタビューに応じ、すばらしい話を聞かせてくれた。のみならず、草稿を読んですぐれた助言を与えてくれた。また、大気化学に関して私のインタビューを受けていただいたことと、地球科学に関する章のレビューをしていただいたことに対して、ドナルド・キャンフィールドにお礼の言葉を述べたい。ペンシルベニア州立大学のジェームズ・キャスティングとロチェスター大学のリー・マレーは、気候科学と地球科学に関する章に関して、すぐれた論評をしてくれた。ロバート・ハーバールには、寛大にも多忙な時間を割いて火星の気候モデリングの歴史を説明してもらった。また、太陽系探査を扱った章に関して論評していただいた。

ゾーレン・グレガーセンにも感謝している。彼は、ボーイスカウトだった頃にグリーンランドの氷床に建設されたアメリカ陸軍のキャンプセンチュリーで暮らしとときのことについて何度か語ってくれた。加えて、私のインタビューに応じてくれたナタリー・バターリャとビル・ボルッキにも感謝したい。

知的な支援という意味で感謝しなければならない人々は他にも大勢いる。ロバート・ピンカスとポール・グリーンは、いかなるトピックに関しても、つねに取り上げるべき人物の一覧のトップを占める。

私が博士課程に在籍していたときの指導教官で、それ以後も共同研究を続けているブルース・バリックは、よき助言とアイデアの宝庫であり続けてきた。またロチェスター大学の同僚とは、何度もすばらしい議論を行なってきた。ダン・ワトソン、エリック・ブラックマン、アリス・キレン、エリック・マメジェック、ジュディ・パイファー、ビル・フォレストの諸氏である。本書にも登場する以下の共同研究者にも感謝の言葉を述べたい。ウッディ・サリバン、マリナ・アルベルティ、アクセル・クライドン、ジョナサン・キャロル＝ネレンバックの諸氏である。現在でも続いているエヴァン・トンプソンとの議論は、とても楽しく有益だ。NPRと『ニューヨーク・タイムズ』紙のためにこれらのトピックに関して執筆したことは、専門用語を使わずに自分の考えを表現する最初の機会になった。それに対して『ニューヨーク・タイムズ』紙のジェイミー・レヤーソンと、NPRのミーガン・サリバンならびにジャスティン・ケニンにたいへん感謝している。

私のNPRブログの共同創設者で友人でもあるマルセロ・グライサーにとりわけ感謝したい。彼は、ダートマス大学のクロスディシプリナリーエンゲージメント研究所で時間を過ごす機会を作ってくれた。本書の一部はそこで書かれている。ありがとう、マルセロ。

わが子のセイディーとハリソン、そして親戚のヘンドリク・ヘルマーに感謝したい。彼らは、私を存分に笑わせてくれた。最後に、私はいつのときにも妻のアラナ・カフーンに感謝している。彼女がいなければ、本書は完成しなかっただろう。

訳者あとがき

『地球外生命と人類の未来――人新世の宇宙生物学』は、*Light of the Stars: Alien Worlds and the Fate of the Earth*（W. W. Norton & Company, 2018）の全訳である。著者のアダム・フランクはロチェスター大学に所属する天体物理学者であり、強力なコンピューターの力を借りて星の誕生や死について研究している。また本書の第5章を読めばわかるとおり、数理モデルを用いて惑星と文明の共進化の探究を行なっている。既存の邦訳には『時間と宇宙のすべて』（水谷淳訳、早川書房、二〇一二年）がある。なおこれから説明するように、本書は天体物理学や宇宙生物学の観点から、現在私たちが直面している温暖化などの気候変動の問題を分析するという領域横断的な試みがなされており、そこに独自の斬新さが認められる。地球外生命体や地球外文明を単独で扱った本や、気候変動の問題を単独で扱った本は和書でも多数刊行されている。しかし、細かく調査したわけではないので確言はできないが、前者に関する視点を後者に適用する領域横断的な本は、これまでのところ本書以外にはほとんど存在しないのではないだろうか。

次に本書の概略を紹介しよう。本書は具体的なストーリーを織り交ぜながら、非常に平易な言葉で書かれている。したがってその概略を紹介するにあたっては、ポイントとなる著者の言葉を引用しつつ、各章の内容をやや詳しく述べるという方式をとりたい（なお導入部をなす「はじめに：惑星と文明プロジェクト」は除く）。

「第1章　エイリアン方程式」はまず宇宙生物学に焦点を置き、以後の各章の論を進めるにあたって指針となる基本概念を提示する。その中核をなすのは、地球外生命体の存在可能性を問うドレイクの方程式である。第1章のタイトル「エイリアン方程式」とは、このドレイクの方程式を指す。ドレイクの方程式は、地球外生命体を少しでも取り上げている本では、必ずや参照される概念であると言っても過言ではなかろう。この方程式の詳細については第1章を読まれたい。一点だけ捕捉しておくと、著者は自身を「evangelist of science」と呼んで一種のサイエンスコミュニケーターとして位置づけており、本書も一般読者に読みやすくなるような工夫が凝らされている。そしてそのことは、さっそく第1章から十分に見て取れる。物理学者のフェルミが「彼らはいったいどこにいるのかね?」とつぶやいたという、有名なフェルミのパラドックスに関するエピソードから説き起こし、フランク・ドレイクが、赴任先のグリーンバンク天文台の電波望遠鏡を用いて地球外文明の探索を行なう計画をグリーンバンク会議で提出する次第になったいきさつを描くエピソードへとつなげていくといった、ストーリー主導の構成がとられており非常に読みやすい。

「第2章　ロボット大使は惑星について何を語るのか」は、太陽系における金星と火星の探査のストーリーをもとに、惑星の状態と気候の関係を探り、そこから人新世に突入せんとしている地球の気候変動が今後何を引き起こし得るのかを考察する。たとえば、金星については次のように述べる。「金星は、惑星の気候に対する正と負のフィードバックループの効果について教えてくれる。惑星に独自の特徴を与えたり、その特徴の変化を引き起こしたりしている物体やエネルギーの循環について、深く考えるよう促してくれるのだ。マリナー2号以来、私たちが金星に送った探査機は、地球に瓜二つになり得た惑星が、いかにモンスターになり果てたのかを教えてくれた（七九頁）」。また、火星については次のように述べる。「火星における劇的な気候変動に関する知識は、人新世に対する必要不可欠な宇宙生物学的視点を与えてくれる。火星は私たちに、居住可能性が永続するわけではないことを教えてくれる（……）。惑星は、居住可能な状態を変え得るのだ。完全に失うことさえある（九六頁）」。そして本章の結論として次のように述べる。「金星に送ったロボット探査機から送り返されてきたデータがなければ、現在のように十分に温室効果について理解することはできなかっただろう。また、火星の表面を移動するローバーが存在しなければ、現在私たちが理解しているような気候モデルのプロセスを知ることはなかっただろう。木星や土星などの太陽系の他の世界が持つ大気は、おのおの独自の教訓を与えてくれた。つまり宇宙空間を数十億マイル旅したあと、私たちは地球と人類の苦境を高解像度で目のあたりにする結果になったのである（二〇一頁）」。これらの例からも見て取れるように、著者は天体物理学や宇宙生物学の知見を紹介しながらも、つねにそれを人新世に突入して気候変動を被り始めた地球の状況の理解へと役立てている。そしてこの姿勢は、本書を通じて変わることがない。邦訳の副題にある「人新世の宇宙生物学」とはこのような著者の視点の取り方を指している。なお本章で紹介されるエピソードにはカール・セーガンが登場するが、彼はのちの章でも何度も顔を見せ、本書のいわばメインキャラクターの一人として登場している。

「第3章　地球の仮面」は、太陽系の他の惑星ではなく過去の地球に焦点を絞って気候変動について考える。ちなみにここでいう「地球の仮面」とは、大気を含めた地球の表層は過去何度もその様相を変えてきたこと、そして各バージョンの地球の様相は固定されたものではなく着脱可能なものであることを意味する。ここで過去の地球を振り返る理由は、著者の言葉を借りれば、「過去の地球を知ることは、新たなストーリー、つまり私たちを近未来の地球の一部としてとらえるストーリーをつむぎ出すための語彙を手にすることでもある（一〇四頁）」からだ。本章では、何度も仮面をつけ替えてきた地球の歴史の概略が語られるが、そのなかでもとりわけ強調されているのは、光合成を行なう能力を持つ生物が出現することで、大気中の酸素含有率が飛躍的に高まった「大酸化イベント（ＧＥＯ）」である。このできごとが現代に生きる私たちにとって非常に重要なのは、それを引き起こした生物の状況が、現代の人類の状況によく似ているからである。ここでやや長くなるが、重要なポイントなのでそれに関する著者の結論を引用しておく。「このように多大な変化をもたらしたＧＯＥは、人新世に関して何を教えてくれるのだろうか？それは、生命が地球の進化のつけ足しのようなものではないことを示している。生命はたまたま地球に出現して、ただ単にその背にうまく乗ったのではない。ＧＯＥは、地球の歴史の初期の時点で、生命が惑星の進化の道筋を完全に変えたことを明らかにする。また、人新世の到来を駆り立てている今日の私たちの営為が、新奇なものでも、先例のないものでもないことを教えてくれる。しかしそれと同時に、地球を変えることが、当の変化を引き起こした生物種にとってよい結果につながるとは限らないことをも教えてくれる。酸素を生成する（が呼吸しない）細菌は、ＧＯＥを引き起こした、それ自身の活動によって地球の表面から追い払われてしまったのだ（一二二〜三頁）」。そして本章は、このような地球の歴史を考慮に入れた生物圏（バイオスフィア）の概念が、いかに登場したかにまつわるストーリーが紹介され締めくくられる。この生物圏の概念は、以後の章でも重要な役割を果たす。

「第4章　計り知れない世界」は、系外惑星に焦点を絞り、七つの項の積で表されるドレイクの方程式の最終項以外の諸項が検討される。惑星によって人生を台無しにした男トーマス・シーのエピソードから始まり、系外惑星の探査に用いられているいくつかの方法が解説され、系外惑星が次々に発見されるようになる系外惑星革命が起こるまでの経緯が紹介される。次に、ドレイクの方程式の諸項のうち、生命が誕生し先進文明が発達する可能性を表す三項を「生命と先進技術の出現可能性」として一つにまとめ、それがどの程度の数値になるのかを検討していく。その際、宇宙の全歴史を通じて誕生した文明が人類文明のみである最低限の確率を、系外惑星に関する最新のデータに基づいて一〇のマイナス二二乗分の一（一兆×一〇〇億分の一）と見積もってそれを悲観主義的限界と呼び、その意味するところを、反論に対する反論を交えながら検討していく。

「第5章　最終項」は、ドレイクの方程式の最終項「技術文明の平均寿命」にスポットライトを当てる。

それにあたって著者が着目するのは、生物圏における特定の生物の個体数と、その生物が利用できる資源の量（これらは互いに相互作用し合う）を継時的に追跡する数理モデルである。まず、そのような数理モデルの例として、アドリア海におけるサメの数とその餌食の数をモデル化した「捕食者／被食者モデル」、ならびにイースター島の森林伐採による環境破壊の事例をあげる。とりわけこのイースター島の事例が本書の文脈で重要なのは、「孤島の生態系や住民に関して真であることは、宇宙の孤島たる惑星にも当てはまるはずだ（一九〇頁）」からである。次に、このようなモデルの延長として著者らが考案した、惑星と文明の共進化を継時的に追跡する数理モデルを実行した結果、「集団死」「軟着陸」「崩壊（資源の転換無）」「崩壊（資源の転換有）」という四つのパターンが得られたことを報告する（これらのパターンの詳細は本文を詳細されたい）。最後に著者はこのような数理モデルを考案し実行することの意義を次のように述べ、本章を締めくくる。「私たちは文明の平均寿命に関する問いに限らず、同様にモデルを使って、人類文明を救える可能性がもっとも高い選択肢は何かを検討することができる。モデルによって描かれたさまざまな軌跡のなかで、持続可能な文明に至るものはどれか、あるいは崩壊を招くものはどれかを問うことができるはずだ。症状が顕著に現われている症例を研究することで病気の治療法を見出そうとする医師のように、文明を滅亡に至らしめる共通の要因を見極めることができるのである。モデルは、地球だけを対象に不確かな未来を予測しようとするような狭い了見では決して知ることのできないさまざまな知見を、私たちにもたらしてくれるだろう（二一〇頁）」

最終章の「第6章　目覚めた世界」は、「健全な長期的文明プロジェクトを擁する健全な惑星は、いかに機能しているのか？（二一二頁）」という問いを検討する。それにあたり著者はまず、「星間惑星に関する史上初の真の星間会議（つまり国際会議）（二一二頁）」であったビュラカン会議をカール・セーガンとともに主導した、ソ連の電波天文学者ニコライ・カルダシェフが提起したカルダシェフ・スケールを取り上げる。これは文明の発展の度合いを測る尺度であり、エネルギー消費の様態に基づいてタイプ1からタイプ3に分類される。次に著者は、エネルギー消費に焦点を絞るこの尺度には欠陥があると指摘し、そうではなく地球という惑星システム内でエネルギーがいかに変換されるかに着目すべきだと論じる。著者は次のように述べる。「ここでも私たちは、人類文明のような文明を、それを生んだ世界から切り離してとらえる見方を捨てなければならない。他の世界で起こり得るものも含め、あらゆる文明は、それを宿す惑星の進化の歴史の表現でもある。この観点から見れば、人類の文明プロジェクトは未来の主人などではなく、地球の歴史における結果の一つにすぎない。どんな文明も、その惑星で生じる変化や進化の歴史の内部で生じる、新たな形態の生物圏の活動としてとらえられねばならない（二二〇頁）」「したがって、単にエネルギー消費（カルダシェフ・スケールの焦点はそこにある）のみを考慮すればよいというものではない。そうではなく、エネルギー変換という観点から考えることを学ばなければならない（二二〇頁）」「エネルギー変換の限界は、人新世の基本的な教訓である。惑星を自分の思いどおりに利用することなどできない。その代わり私たちは、文明構築のためにエネルギーを利用すれば、必ずや惑星からフィードバックが戻ってくる。つまり、生物圏と文明を相互作用し合う惑星システムの一部としてとらえるよう理解を深めていく必要がある。（……）このように、長期にわたって存続できるエネルギー集約型文明の発達は、生命とそれを宿す惑星の相互作用という観点から考察されねばならない（二二〇〜一頁）」。最後に著者は、そのような新しい見方に沿った文明の発展の尺度として、惑星（世界）をクラス1から5に分類する独自の尺度を提唱する。

ということで、本書の概略を紹介するだけで長くなってしまったが、前述のとおり本書は非常に読みやすい本であり、ここまでの説明以上に訳者として補足しておくべきことはほとんどない。ただ一言だけつけ加えておくと、著者も述べているように気候変動の問題は、ある意味で地球自体が困る問題ではなく、人類（と他の生物）が困る問題である。というのも、人類が地球の気候を滅茶苦茶にしても、地球は、人類や他の生物にとっては滅茶苦茶になってしまった気候や環境を抱えたまま泰然自若として存続していくだけだからである。そして生命と惑星は相互作用し合っている点に鑑みれば、人間が活動すればそれは必ずや生物圏に、そしてそれを通して、地球が提供するその都度の環境に影響を及ぼさざるを得ない。著者の言葉を借りれば「タダメシなどない」のである。だからなおさら私たちは、この事実を念頭に置きながら日々の活動を営んでいかねばならない。人間の日常的な活動でさえ最終的に地球にフィードバックを与えざるを得ないのだから。宇宙生物学という壮大な観点から気候変動の問題を考察した本書は、決定的な科学的証拠こそまだ得られていなかったとしても、台風やハリケーンの被害の増大を始めとして、二酸化炭素の排出に起因すると思しき気候変動を示すさまざまな徴候が世界各地で目立ち始め、その影響が実感として感じられるようになった今日において、ぜひ読まれるべき本だと言えよう。訳者が本書に着目した理由もそこにある。

最後に、いくつかの質問に答えていただいた著者のアダム・フランク氏、ならびに青土社の担当編集者、篠原一平氏に感謝の言葉を述べたい。

二〇一八年一二月

高橋洋

巻末注

はじめに：惑星と文明プロジェクト

1 John D. Durand, "Historical Estimates of World Population: An Evaluation," *PSC Analytical and Technical Reports*, no. 10 (1974): table 2.

2 Department of Economic and Social Affairs, Population Division, *The World at Six Billion* (New York: United Nations Secretariat, 1999), http://www.un.org/esa/population/publications/sixbillion/sixbillion.htm.

3 Paul Mann, Lisa Gahagan, and Mark B. Gordon, "Tectonic Setting of the World's Giant Oil and Gas Fields," in *Giant Oil and Gas Fields of the Decade, 1990-1999*, ed. Michel T. Halbouty (Tulsa, OK: American Association of Petroleum Geologists, 2014).

4 Department of Economic Affairs, Population Division, *World Population Prospects: Key Findings and Advance Tables, 2015 Revision* (New York: United Nations, 2015), https://esa.un.org/unpd/wpp/Publications/Files/Key_Findings_WPP_2015.pdf.

5 International Air Transport Association, *2012 Annual Review*, June 2012.

6 Lynn Margulis, "Gaia Is a Tough Bitch," in *The Third Culture: Beyond the Scientific Revolution*, ed. John Brockman (New York: Simon and Schuster, 1995).

7 Kim Stanley Robinson, *Aurora* (New York: Orbit, 2015).

8 University of Zurich, "Great Oxidation Event: More Oxygen through Multicellularity," *ScienceDaily*, January 17, 2013, www.sciencedaily.com/releases/2013/01/130117084856.htm.

9 European Space Agency, "Greenhouse Effect, Clouds and Winds," *Venus Express*, http://www.esa.int/Our_Activities/Space_Science/Venus_Express/Greenhouse_effect_clouds_and_winds.

10 V.-P. Kostama, M.A. Kreslavsky, and J.W. Head, "Recent High-Latitude Icy Mantle in the Northern Plains of Mars: Characteristics and Ages of Emplacement," *Geophysical Research Letters* 33, no. 11 (2006), doi: 10.1029/2006GL025946, and NASA Jet Propulsion Lab- oratory, "Mars Ice Deposit Holds as Much Water as Lake Superior," news release, November 22, 2016, https://www.jpl.nasa.gov/news/ news.php?release=2016-299.

11 Joe Mason and Michael Buckley, "Cassini Finds Hydrocarbon Rains ?May Fill Titan Lakes," Cassini Imaging Central Laboratory for Operations, January 29, 2009, http://ciclops.org/view.php?id=5471&js=1. タイタンの液体には、成分としてガソリンが含まれる。

12 Colin N. Waters, et al, "The Anthropocene Is Functionally and Stratigraphically Distinct from the Holocene," *Science* 351, no. 6269 (January 8, 2016), http://science.sciencemag.org/content/351/6269/aad2622.

13 Dale Jamieson, *Reason in a Dark Time* (New York: Oxford University Press, 2014).

14 NASA Exoplanet Science Institute, "Exoplanet and Candidate Statistics," *NASA Exoplanet Archive*, https://exoplanetarchive.ipac.caltech.edu/docs/counts_detail.html.

第1章　エイリアン方程式

1 C.P. Snow, *The Physicists* (Boston: Little Brown, 1981).

2 Alan Lightman, *A Sense of the Mysterious: Science and the Human Spirit* (New York: Vintage, 2006).

3 Eric M. Jones, *Where Is Everybody?: An Account of Fermi's Question* (Los Alamos, NM: Los Alamos National Laboratory, 1985), http://www.fas.org/sgp/othergov/doe/lanl/la-10311-ms.pdf.

4 Jones, *Where Is Everybody?*: 3.

5 Enrico Fermi, "My Observations During the Explosion at Trinity on July 16, 1945," *Fermat's Library*, http://fermatslibrary.com/s/my-observations-during-the-explosion-at-trinity.

6 天文学者のジェーソン・ライトは次のように述べている。「天文学者は、世界でももっとも精度の高い装置を使って専門家の視点で天空を眺めている。UFOがありふれているのなら、われわれはいつでもそれを見ていなければおかしい。巨大な望遠鏡を利用しているプロが見ていないのに、カメラを抱えた大勢のアマチュアが始終UFOを見ているという現実は、後者の信憑性を打ち砕くに十分だ」。Jason Wright, "Astronomers and UFOs," *AstroWright*, December 1, 2013, https://sites.psu.edu/astrowright/2013/12/01/astronomers-and-ufos/.

7 Michael Hart, "An Explanation for the Absence of Extraterrestrials on Earth," *Quarterly Journal of the Royal Astronomical Society* 16 (June 1975): 128. また次の文献も参照されたい。Robert H. Gray, "The Fermi Paradox Is Neither Fermi's Nor a Paradox," *Astrobiology* 15, no. 3 (March 2015): 195–99.

8 Glen David Brin, "The 'Great Silence': The Controversy Concerning Extraterrestrial Intelligent Life," *Quarterly Journal of the Royal Astronomical Society* 24, no. 3 (1983): 283–309, and James Annis, "An Astrophysical Explanation for the 'Great Silence,'" *Journal of the British Interplanetary Society* 52, (1999): 19–22.

9 Robin Hansen, *The Great Filter—Are We Almost Past It?*, September 15, 1998, http://mason.gmu.edu/-rhanson/greatfilter.html.

10 Heike Langenberg, "Slow Gulf Stream During Ice Ages?," *Nature News*, December 9, 1999, http://www.nature.com/news/1999/991209/full/news991209-10.html.

11 これはさまざまな様態で起こり得るが、もっとも想像しやすいのは、人口の大きな減少、すなわち「集団死（die-off）」である。このケースでは、人口は技術や産業を再生させることのできるレベルまで回復しない。劇的な気候変動は、数十万年間技術文明を存続させてきたが、大規模農業が不可能になった世界でかつての技術レベルを保てなくなった生物種を作り出すかもしれない。このシナリオにおいて進化や社会がいかなる結果に至るのかを予測することは非常に困難である。

12 Matthew F. Dowd, "Fraction of Stars with Planetary Systems, fp, pre-1961," in *The Drake Equation*, ed. Douglas A. Vakoch and Matthew F. Dowd (New York: Cambridge University Press, 2015), 56.

13 Steven J. Dick, *Plurality of Worlds: The Extraterrestrial Life Debate from Democritus to Kant* (Cambridge: Cambridge University Press, 1984), 6.

14 Dick, *Plurality of Worlds*, 26–27.

15 Dick, *Plurality of Worlds*, 62.

16 何に対して異端の罪が問われたのかに関しては、いくつかの議論がある。歴史的証拠は、天文学より、原理に関するより深遠な問題を強く示唆している。とはいえコペルニクスの天文学や他の世界に対するブルーノの見方は、生涯にわたり教会との軋轢を引き起こした。Dorothea Singer, *Giordano Bruno: His Life and Thought* (1950; repr., New York: Greenwood Press, 1968).

17 Bernard de Fontenelle, *Conversations on the Plurality of Worlds* (1686; repr., London: J. Cundee, 1803), 112.

18 Dowd, "Fraction of Stars," 67, and Steven J. Dick, *Life on Other Worlds: e 20th-Century Extraterrestrial Life Debate* (Cambridge: Cam-

bridge University Press, 1998).

19 Douglas A. Vakoch, ed., *Astrobiology, History, and Society: Life Beyond Earth and the Impact of Discovery* (Berlin: Springer, 2013), 108.

20 Percival Lowell, "Observations at the Lowell Observatory," *Nature 76* (1907): 446.

21 William Whewell, *Of the Plurality of Worlds* (1853; repr., Chicago: University of Chicago Press, 2001), 207.

22 Whewell, *Plurality of Worlds*, 204–5.

23 Alfred Russel Wallace, *Man's Place in the Universe: A Study of the Results of Scientific Research in Relation to the Unity or Plurality of Worlds* (London: Chapman and Hall, 1904).

24 Dowd, "Fraction of Stars," 67.

25 Florence Raulin Cerceau, "Number of Planets with an Environment Suitable for Life, ne, Pre-1961," in *The Drake Equation*, ed. Douglas A. Vakoch and Matthew F. Dowd (New York: Cambridge University Press, 2015), 98.

26 Natural Resources Defense Council, "Global Nuclear Stockpiles, 1945-2006," *Bulletin of the Atomic Scientists* 62, no. 4 (July/August 2006): 64–66, http://media.hoover.org/sites/default/files/documents/GlobalNuclearStockpiles.pdf.

27 Stephanie Pappas, "Hydrogen Bomb vs. Atomic Bomb: What's the Difference?," *Live Science*, January 6, 2016, https://www.livescience.com/53280-hydrogen-bomb-vs-atomic-bomb.html.

28 Don P. Mitchell, " The R-7 Missile," http://mentallandscape.com/S_R7.htm.

29 Steve Garber, "*Sputnik* and the Dawn of the Space Age," National Aeronautics and Space Administration, last modified October 10, 2007, https://history.nasa.gov/sputnik/.

30 Frank Drake and Dava Sobel, *Is Anyone Out There?* (New York: Delacorte Press, 1992), 5.

31 Drake and Sobel, *Is Anyone Out There?*, 27.

32 Drake and Sobel, *Is Anyone Out There?*, 8–12.

33 Frank Drake, "A Reminiscence of Project Ozma," *Cosmic Search* 1, no. 1 (1979): 10.

34 F. Ghigo, "The Tatel Telescope," National Radio Astronomy Observatory, http://www.gb.nrao.edu/fgdocs/tatel/tatel.html.

35 Drake, "Reminiscence.".

36 John R. Percy, " The Nearest Stars: A Guided Tour," Astronomical Society of the Pacific, 1986, https://astrosociety.org/edu/publications/tnl/05/stars2.html.

37 Drake, "Reminiscence.".

38 "Early SETI: Project Ozma, Arecibo Message," SETI Institute, http://www.seti.org/seti-institute/project/details/early-seti-project-ozma-arecibo-message.

39 Drake, "Reminiscence.".

40 "Early SETI: Project Ozma."

41 Giuseppe Cocconi and Philip Morrison, "Searching for Interstellar Communications," *Nature* 184, no. 4690 (September 19, 1959): 844–46.

42 Drake and Sobel, *Is Anyone Out There?*, 32.

43 Drake and Sobel, *Is Anyone Out There?*, 45–64.

44 Drake and Sobel, *Is Anyone Out There?*, 47.

45 Drake and Sobel, *Is Anyone Out There?*, 54.

46 Drake and Sobel, *Is Anyone Out There?*, 49.

47 Drake and Sobel, *Is Anyone Out There?*, 51.

48 Maggie Masetti, "How Many Stars in the Milky Way?," *Blueshift*, July

22, 2015, https://asd.gsfc.nasa.gov/blueshift/index.php/2015/07/22/how-many-stars-in-the-milky-way/.

49 Fred Hoyle, *The Black Cloud* (London: Heinemann, 1957)［『暗黒星雲』鈴木敬信訳、法政大学出版局、1970年］。

50 ドレイクが私たちの銀河系だけに焦点を絞った理由は、他の銀河系があまりにも遠すぎるからだ。いかなる電磁波の発信であれ、それを発した天体が地球から遠くなればなるほど検知が困難になる。

51 Shu-Shu Huang, "The Problem of Life in the Universe and the Mode of Star Formation," *Publications of the Astronomical Society of the Pacific* 71, no. 422 (October 1959): 421–24.

52 Stanley L. Miller, "A Production of Amino Acids under Possible Primitive Earth Conditions," *Science* 117, no. 3046 (May 15, 1953): 528–29.

53 Drake and Sobel, *Is Anyone Out There?*, 61.

54 もちろん、人類文明よりはるかに進んだ文明が依然として電波を利用しているのかどうかを問うことはできる。しかし、生命の誕生には惑星が必要であるという先の議論と同様、出発点はどこかにとらねばならない。また、各項の可能性は過大に見積もるより、過小に見積もったほうがよいだろう。

55 Drake and Sobel, *Is Anyone Out There?*, 62.

56 Drake and Sobel, *Is Anyone Out There?*, 52.

57 Drake and Sobel, *Is Anyone Out There?*, 62.

58 Drake and Sobel, *Is Anyone Out There?*, 64.

59 Jamieson, Reason, 20.

60 "The Television Infrared Observation Satellite Program (TIROS)," NASA Science, May 22, 2016, https://science.nasa.gov/missions/tiros/.

第2章　ロボット大使は惑星について何を語るのか

1 Franklin O'Donnell, " The Venus Mission: How *Mariner* 2 Led the World to the Planets," Jet Propulsion Laboratory website, https:// www.jpl.nasa.gov/mariner2/.

2 David R. Williams, "Chronology of Lunar and Planetary Exploration," Goddard Space Flight Center, last modified August 8, 2017, https:// nssdc.gsfc.nasa.gov/planetary/chronology.html.

3 David R. Williams, "Venus Fact Sheet," Goddard Space Flight Center, last modified December 23, 2016, https://nssdc.gsfc.nasa.gov/planetary/factsheet/venusfact.html.

4 O'Donnell, " The Venus Mission.".

5 Larry Klaes, "Remembering the Early Robotic Explorers," *Centauri Dreams: Imagining and Planning Interstellar Exploration*, August 29, 2012, https://www.centauri-dreams.org/?p=24285.

6 O'Donnell, "The Venus Mission.".

7 O'Donnell, "The Venus Mission.".

8 Williams, "Venus Fact Sheet.".

9 William Sheehan and John Edward Westfall, *The Transits of Venus* (Amherst, NY: Prometheus Books, 2004), 213.

10 Sheehan and Westfall, Transits, 213.

11 Mikhail Ya. Marov, "Mikhail Lomonosov and the Discovery of the Atmosphere of Venus During the 1761 Transit," in *Transits of Venus: New Views of the Solar System and Galaxy, Proceedings of the 196th Colloquium of the International Astronomical Union*, ed. D.W. Kurtz, (Cambridge: Cambridge University Press, 2004).

12 F.W. Taylor and D.M. Hunten, "Venus: Atmosphere," in *Encyclopedia of the Solar System*, 3rd ed., ed. Tilman Spohn, Doris Breuer, and Torrence V. Johnson (Amsterdam: Elsevier, 2014).

13 C.H. Mayer, T.P. McCullough, and R.M. Sloanaker, “Observations of Venus at 3.15 cm Wave Length,” *Astrophysical Journal* 127, no. 1 (January 1958): 1–10.
14 Paolo Ulivi with David M. Harland, *Robotic Exploration of the Solar System: Part 1, The Golden Age,* 1957-1982 (Berlin: Springer, 2007), xxxi.
15 Ulivi and Harland, *Robotic Exploration*, xxxii.
16 “Planetary Temperatures,” Australian Space Academy, http://www.spaceacademy.net.au/library/notes/plantemp.htm.
17 Keay Davidson, *Carl Sagan: A Life* (New York: Wiley, 1999), 39–56.
18 Ray Spangenburg and Kit Moser, *Carl Sagan: A Biography* (Westport, CT: Greenwood, 2004), 11–29.
19 Kenneth R. Lang, “Global Warming: Heating by the Greenhouse Effect,” *NASA's Cosmos*, 2010, http://ase.tufts.edu/cosmos/view_chapter.asp?id=21&page=1.
20 Tim Sharp, “What Is the Temperature on Earth?,” *Space.com*, September 28, 2012, https://www.space.com/17816-earth-temperature.html.
21 F.W. Taylor, *Planetary Atmospheres* (Oxford: Oxford University Press, 2010), 12.
22 Svante Arrhenius, “On the Influence of Carbonic Acid in the Air upon the Temperature of the Ground,” *Philosophical Magazine and Journal of Science* 41, no. 251 (April 1896): 237–76.
23 Spencer Weart, “The Carbon Dioxide Greenhouse Effect,” *The Discovery of Global Warming*, January 2017, https://history.aip.org/climate/co2.htm.
24 Spangenburg and Moser, *Carl Sagan*, 36–38.
25 Davidson, *Carl Sagan*.
26 O'Donnell, “The Venus Mission.”.
27 Tony Reichhardt, “The First Planetary Explorers,” *Air and Space Magazine*, December 14, 2012, http://www.airspacemag.com/daily-planet/ the-first-planetary-explorers-162133105/.
28 O'Donnell, “The Venus Mission.”.
29 Asif A. Siddiqi, *Deep Space Chronicle: A Chronology of Deep Space and Planetary Probes* 1958-2000 (Washington, DC: National Aeronautics and Space Administration, 2002).
30 Taylor, *Planetary Atmospheres*, 113–15.
31 Taylor, *Planetary Atmospheres*, 114–24.
32 コールドトラップは、水分を大気の低層に留めることで作用する。上昇する水蒸気は、やがて冷やされ、凝縮し、地上に落下する。このプロセスは、気温が氷点よりはるかに低くなる対流圏界面（海面より一五キロメートルの高さに存在する）で強まる。そのため水分はすべて、そこで凍結する。Michael Denton, “The Cold Trap: How It Works,” *Evolution News and Science Today*, May 10, 2014, https://evolutionnews.org/2014/05/ the_cold_trap_h/.
33 Davidson, *Carl Sagan*.
34 Spangenburg and Moser, *Carl Sagan*, 34–65.
35 “Mars Exploration Rovers: Step-by-Step Guide to Entry, Descent, and Landing,” Jet Propulsion Laboratory, https://mars.nasa.gov/mer/mission/tl_entry1.html.
36 Steven W. Squyres, *Roving Mars: Spirit, Opportunity, and the Exploration of the Red Planet* (New York: Hyperion, 2005), 292–93［『ローバー、火星を駆ける―僕らがスピリットとオポチュニティに託した夢』桃井緑美子訳、早川書房、2007 年］。
37 Ulivi and Harland, *Robotic Exploration*, xxxiii?xxxiv.

38 Vakoch, *Astrobiology, History, and Society*, 108.

39 William Sheehan, *The Planet Mars: A History of Observation and Discovery* (Tucson, AZ: University of Arizona Press, 1996).

40 Sheehan, *Planet Mars*.

41 Rod Pyle, "Alone in the Darkness: Mariner 4 to Mars, 50 Years Later," California Institute of Technology, July 14, 2015, https://www.caltech.edu/ ?news/alone-darkness-mariner-4-mars-50-years-later-47324.

42 "The Dead Planet," *New York Times*, July 30, 1965.

43 Ulivi and Harland, *Robotic Exploration*, 108–12.

44 Ulivi and Harland, *Robotic Exploration*, 114–16.

45 Elizabeth Howell, "Mariner 9: First Spacecraft to Orbit Mars," *Space.com*, November 12, 2012, https://www.space.com/18439-mariner-9.html.

46 "Welcome to the Planets," Jet Propulsion Laboratory, https://pds.jpl.nasa.gov/planets/choices/mars1.htm.

47 Davidson, *Carl Sagan*, 279–80.

48 David R. Williams, "Viking Mission to Mars," Goddard Space Flight ?Center, last modified September 5, 2017, https://nssdc.gsfc.nasa.gov/planetary/viking.html, and "A Chronology of Mars Exploration," National Aeronautics and Space Administration, last modified April 16, 2015, https://history.nasa.gov/printFriendly/marschro.htm.

49 "Overview: The Mars Exploration Program," National Aeronautics and Space Administration, https://mars.nasa.gov/programmissions/overview/.

50 Robert Haberle, interview with the author, March 20, 2017.

51 "The History of Mars General Circulation Model," Mars Climate Modeling Center, https://spacescience.arc.nasa.gov/mars-climate-modeling-group/history.html.

52 Haberle, interview.

53 Williams, "Viking Mission to Mars.".

54 Williams, "Viking Mission to Mars.".

55 Derek Hayes, *Historical Atlas of the Pacific Northwest* (Vancouver, BC: Douglas and McIntyre, 2001).

56 Anders Persson, "Hadley's Principle: Part 1—A Brainchild with Many ?Fathers," *Weather* 63, no. 11 (November 2008): 335–38.

57 David R. Williams, "Mars Fact Sheet," Goddard Space Flight Center, last modified December 23, 2016, https://nssdc.gsfc.nasa.gov/planetary/factsheet/marsfact.html.

58 Haberle, interview.

59 Rob Gutro, "Polar Vortex Enters Northern U.S.," Goddard Space Flight Center, 2014, https://www.nasa.gov/content/goddard/polar-vortex-enters-northern-us/#.WcAeq62UUo-.

60 Laura Dattaro, "Check the Weather on Mars, Where NASA's MAVEN Is Headed," Weather Channel, November 19, 2013, https://weather.com/science/news/check-weather-mars-where-nasas-maven-headed-20131119.

61 Andrew P. Ingersoll, *Planetary Climates* (Princeton, NJ: Princeton University Press, 2013), 96–106.

62 National Aeronautics and Space Administration, "Minerals in Mars 'Berries' Adds to Water Story," news release, March 18, 2004, https://mars.nasa.gov/mer/newsroom/pressreleases/20040318a.html.

63 National Aeronautics and Space Administration, "NASA Rover Finds Old Streambed on Martian Surface," news release, September 27, 2012, https://www.nasa.gov/mission_pages/msl/news/msl20120927.html.

64 Michael H. Carr and James W. Head III, "Geologic History of Mars,"

Earth and Planetary Science Letters 294, nos. 3–4 (June 1, 2010): 185–203.

65 Paul L. Montgomery, "Throngs Fill Manhattan to Protest Nuclear Weapons," *New York Times*, June 13, 1982.

66 Robert S. Norris and Hans M. Kristensen, "Global Nuclear Weapons Inventories, 1945-2010," *Bulletin of the Atomic Scientists* 66, no. 4 (July/August 2010): 77–83.

67 R.P. Turco, O.B. Toon, T.P. Ackerman, J.B. Pollack, and Carl Sagan, "Nuclear Winter: Global Consequences of Multiple Nuclear Explosions," *Science* 222, no. 4630 (December 23, 1983): 1283–92.

68 Jill Lepore, "The Atomic Origins of Climate Science," *The New Yorker*, January 30, 2017, http://www.newyorker.com/magazine/2017/01/30/the-atomic-origins-of-climate-science.

69 Jacob Darwin Hamblin, "Badash, *A Nuclear Winter's Tale*," *Metascience* 21, no. 3 (November 2012): 727–31.

第3章　地球の仮面

1 "Earth's Early Atmosphere," *Astrobiology Magazine*, December 2, 2011, http://www.astrobio.net/geology/earths-early-atmosphere/.

2 John Reed, "Inside the Army's Secret Cold War Ice Base," Defense Tech, April 6, 2012, https://www.defensetech.org/2012/04/06/inside-the-armys-secret-cold-war-ice-base/, and Malcolm Mellor, *Oversnow Transport* (Hanover, NH: U.S. Army Cold Regions Research and Engineering Laboratory, 1963), http://www.dtic.mil/dtic/tr/fulltext/u2/404778.pdf.

3 "Trail Blazed by Renowned Explorer Leads Danish, U.S. Scouts to Arctic Adventure," *Army Research and Development*, December 1960, 14.

4 "The Ice Sheet," *Visit Greenland*, http://www.greenland.com/en/about-greenland/nature-climate/the-ice-cap/.

5 Frank J. Leskovitz, "Camp Century, Greenland: Science Leads the Way," http://gombessa.tripod.com/scienceleadstheway/id9.html.

6 Leskovitz, "Camp Century.".

7 Leskovitz, "Camp Century.".

8 Leon E. McKinney, "Camp Century Greenland," West-Point.org, http://www.west-point.org/class/usma1955/D/Hist/Century.htm.

9 Gordon de Q. Robin, "Pro le Data, Greenland Region," in *The Climate Record in Polar Ice Caps*, ed. Gordon de Q. Robin (1983, repr., Cambridge: Cambridge University Press, 2010), 100–101.

10 Joseph Gale, *Astrobiology of Earth: The Emergence, Evolution, and Future of Life on a Planet in Turmoil* (Oxford: Oxford University Press, 2009), 125–26.

11 John S. Schlee, "Our Changing Continent," United States Geological Survey, last modi ed February 15, 2000, https://pubs.usgs.gov/gip/continents/.

12 Gale, *Astrobiology of Earth*, 125.

13 Willi Dansgaard, *Frozen Annals: Greenland Ice Cap Research* (Copenhagen: Niels Bohr Institute, 2005), 55–56.

14 Dansgaard, *Frozen Annals*, 58.

15 W. Dansgaard, S.J. Johnsen, J. Moller, and C.C. Langway Jr., "One Thousand Centuries of Climate Record from Camp Century on the Greenland Ice Sheet," *Science* 166, no. 3903 (October 17, 1969): 377–80. 次の文献も参照されたい。"The Younger Dryas," NOAA National Centers for Environmental Information, https://www.ncdc.noaa.gov/abrupt-climate-change/ The%20Younger%20Dryas.

16 Manned Spacecraft Center, "*Apollo 8* Onboard Voice Transcription, As Recorded on the Spacecraft Onboard Recorder (Data Storage

Equipment)," January 1969, 113–14, https://www.jsc.nasa.gov/history/mission_trans/AS08_CM.PDF.
17 "Earthrise," *Time*, http://100photos.time.com/photos/nasa-earthrise-apollo-8.
18 K.M. Cohen, S. Finney, and P.L. Gibbard, "International Chronostratigraphic Chart," *International Commission on Stratigraphy*, January 2013, http://www.stratigraphy.org/icschart/chronostratchart2013-01.pdf.
19 Ann Zabludo , "Lecture 13: The Nebular Theory of the Origin of the Solar System," University of Arizona Department of Astronomy and Steward Observatory, http://atropos.as.arizona.edu/aiz/teaching/nats102/mario/solar_system.html.
20 C. Goldblatt, K.J. Zahnle, N.H. Sleep, and E.G. Nisbet, "The Eons of Chaos and Hades," *Solid Earth Discussions* 1, no. 1 (2010), 1–3.
21 Goldblatt et al., "Chaos and Hades.".
22 Thomas Holtz, "GEOL 102 Historical Geology: The Archean Eon," University of Maryland Department of Geology, last modified January 18, 2017, https://www.geol.umd.edu/~tholtz/G102/lectures/102archean.html.
23 Stanly M. Awramik and Kenneth J. McNamara, "The Evolution and Diversification of Life," in *Planets and Life: The Emerging Science of Astrobiology*, ed. by Woodru R. Sullivan III and John A Baross, (Cambridge University Press, 2007), 313–16.
24 Stanley M. Awramik and Kenneth J. McNamara, "The Evolution and Diversi cation", 313–18.
25 Z. X. Li et al., "Assembly, Con guration, and Break-up History of Rodinia: A Synthesis," *Precambrian Research*, 160 (2008): 179–210.
26 David Catling and James F. Kasting, "Planetary Atmospheres and Life," in *Planets and Life: The Emerging Science of Astrobiology*, ed. by Woodru R. Sullivan III and John A Baross, (Cambridge University Press, 2007), 99.
27 Awramik and McNamara, "Evolution and Diversification," 321.
28 Donald E. Canfield, *Oxygen: A Four Billion Year History* (Princeton, NJ: Princeton University Press, 2014), 145–46.
29 "PETM: Global Warming, Natural," *Weather Underground*, https://www.wunderground.com/climate/PETM.asp?MR=1.
30 Canfield, *Oxygen*, 13.
31 Canfield, *Oxygen*, 14.
32 "Opening a Tectonic Zipper," *Seismo Blog* (UC Berkeley Seismology Lab), April 5, 2010, http://seismo.berkeley.edu/blog/2010/04/05/opening-a-tectonic-zipper.html.
33 Canfield, *Oxygen*, 14.
34 Canfield, *Oxygen*, 14.
35 Canfield, *Oxygen*, 41.
36 Canfield, *Oxygen*, 41.
37 Gale, *Astrobiology of Earth*, 110–11.
38 Canfeld, *Oxygen*, 41–42.
39 David C. Catling, *Astrobiology: A Very Short Introduction* (Oxford: Oxford University Press, 2013), 50–55.
40 Catling, *Astrobiology*, 52.
41 Alexej M. Ghilarov, "Vernadsky's Biosphere Concept: An Historical Perspective," *Quarterly Review of Biology* 70, no. 2 (June 1995): 193–203.
42 Irina Trubetskova, "Vladimir Ivanovich Vernadsky and His Revolutionary eory of the Biosphere and the Noosphere," University of New Hampshire, http://www-ssg.sr.unh.edu/preceptorial/Summaries_2004/

Vernadsky_Pap_ITru.html.

43 Ghilarov, “Vernadsky’s Biosphere Concept.”.

44 Vladimir Vernadsky, *The Biosphere*, trans. David B. Langmuir (New ?York: Copernicus, 1998), 44, 56.

45 Ghilarov, “Vernadsky’s Biosphere Concept.”.

46 James Lovelock, *Homage to Gaia: e Life of an Independent Scientist* (New York: Oxford University Press, 2000).

47 Lovelock, *Homage to Gaia*, 242.

48 Lovelock, *Homage to Gaia*, 243.

49 Lovelock, *Homage to Gaia*, 243.

50 Lovelock, *Homage to Gaia*, 243–44.

51 Lovelock, *Homage to Gaia*, 253.

52 Lovelock, *Homage to Gaia*, 255.

53 Joel Bartholomew Hagen, Douglas Allchin, and Fred Singer, *Doing Biology* (New York: HarperCollins, 1996).

54 Lovelock, *Homage to Gaia*, 256–57.

55 Michael Ruse, “Earth’s Holy Fool?,” *Aeon*, https://aeon.co/essays/gaia-why-some-scientists-think-it-s-a-nonsensical-fantasy.

56 John Postgate, “Gaia Gets Too Big for Her Boots,” *New Scientist*, April 7, 1988.

57 Ruse, “Earth’s Holy Fool?”.

58 Lovelock, *Homage to Gaia*, 265.

59 Ruse, “Earth’s Holy Fool?”.

第4章　計り知れない世界

1 トーマス・シーに関しては次の文献を参照した。Thomas J. Sherrill, “A Career of Controversy: The Anomaly of T.J.J. See,” *Journal for the History of Astronomy* 30, no. 1 (February 1999): 25–50.William Sheehan, “The Tragic Case of T.J.J. See,” *Mercury* 31, no. 6 (November 2002): 34.

2 私信による。

3 Amy Veltman, “Dr. Jill Tarter: Looking to Make ‘Contact,’ ” *Space.com*, November 12, 1999, http://www.space.com/peopleinterviews/tarter_profile_991112.html.

4 “Jill Tarter,” SETI Institute, https://www.seti.org/users/jill-tarter.

5 著者とのインタビューによる。

6 John Billingham, “SETI: The NASA Years,” in *Searching for Extraterrestrial Intelligence: SETI Past, Present, and Future*, ed. H. Paul Shuch (Berlin: Springer, 2011), 70.

7 Jesse L. Greenstein and David C. Black, “Detection of Other Planetary Systems,” in *The Search for Extraterrestrial Intelligence: SETI*, ed. Philip Morrison, John Billingham, and John Wolfe (Washington, DC: NASA Scientic and Technical Information Office, 1977).

8 Greenstein and Black, “Detection.”.

9 Tarter, interview.

10 David C. Black and William E. Brunk, ed., *An Assessment of Ground-Based Techniques for Detecting Other Planetary Systems, Volume 1: An Overview* (Moffett Field, CA: National Aeronautics and Space Administration, 1979), 18.

11 Michael D. Lemonick, *Mirror Earth: The Search for Our Planet’s Twin* (New York: Walker, 2012), 55.

12 Lemonick, *Mirror Earth*.

13 Lemonick, *Mirror Earth*, 52–53.

14 Lemonick, *Mirror Earth*, 58.

15 Andrew Lawler, “Bill Borucki’s Planet Search,” *Air and Space*, May 2003, http://www.airspacemag.com/space/bill-boruckis-planet-search-

4545405/?no-ist.

16 Lawler, "Borucki's Planet Search.".

17 Lawler, "Borucki's Planet Search.".

18 William J. Borucki et al., "Kepler Planet-Detection Mission: Introduction and First Results," *Science* 327, no. 5968 (February 19, 2010): 977–80.

19 "Liftoff of Kepler: On a Search for Exoplanets in Some Way Like Our Own," National Aeronautics and Space Administration, March 6, 2009, https://www.nasa.gov/multimedia/imagegallery/image_feature_2123.html.

20 著者とのインタビューによる。

21 Michele Johnson, "NASA's Kepler Mission Announces a Planet Bonanza, 715 New Worlds," National Aeronautics and Space Administration, February 26, 2014, https://www.nasa.gov/ames/kepler/nasas-kepler-mission-announces-a-planet-bonanza.

22 "Exoplanet Anniversary: From Zero to ousands in 20 Years," Jet Propulsion Laboratory, October 6, 2015, https://www.jpl.nasa.gov/news/news.php?feature=4733.

23 著者とのインタビューによる。

24 "Star: KOI-961—3 PLANETS," *Extrasolar Planets Encyclopaedia*, http://exoplanet.eu/catalog/?f= `KOI-961、 +in+name.

25 Lee Billings, "Newfound Super-Earth Boosts Search for Alien Life," *Scientific American*, April 19, 2017, https://www.scientificamerican.com/article/newfound-super-earth-boosts-search-for-alien-life/.

26 Shannon Hall, " is Super-Saturn Alien Planet Might Be the New 'Lord of the Rings,'" *Space.com*, February 3, 2015, https://www.space.com/28435-super-saturn-alien-planet-rings.html.

27 Andrew Fazekas, "Diamond Planet Found—Part of 'Whole New Class'?," *National Geographic*, October 13, 2012, http://news.nationalgeographic.com/news/2012/10/121011-diamond-planet-space-solar-system-astronomy-science/.

28 "Hubble Finds a Star Eating a Planet," Hubble Space Telescope, May 20, 2010, https://www.nasa.gov/mission_pages/hubble/science/planet-eater.html.

29 Amelie Saintonge, "How Many Stars Are Born and Die Each Day?," *Ask An Astronomer*, last modified June 27, 2015, http://curious.astro.cornell.edu/about-us/83-the-universe/stars-and-star-clusters/star-formation-and-molecular-clouds/400-how-many-stars-are-born-and-die-each-day-beginner.

30 Mike Wall, "Nearly Every Star Hosts at Least One Alien Planet," *Space.com*, March 4, 2014, https://www.space.com/24894-exoplanets-habitable-zone-red-dwarfs.html.

31 Robert Sanders, "Astronomers Answer Key Question: How Common Are Habitable Planets?" University of California, Berkeley, November 4, 2013, http://news.berkeley.edu/2013/11/04/astronomers-answer-key-question-how-common-are-habitable-planets/.

32 論文では、専門的な理由によって、悲観主義的限界を10^{-24}から10^{-22}のあいだに設定したが、本書では控えめに見積もって10^{-22}とした。

33 Ross Andersen, "Fancy Math Can't Make Aliens Real," *Atlantic*, June 17, 2016, https://www.theatlantic.com/science/archive/2016/06/fancy-math-cant-make-aliens-real/487589/, and Ethan Siegel, "Humanity May Be Alone in the Universe," *Forbes*, June 21, 2016, https://www.forbes.com/sites/startswithabang/2016/06/21/humanity-may-be-alone-in-the-universe/.

34 Adam Frank, "Yes, There Have Been Aliens," *New York Times*, June

10, 2016, https://www.nytimes.com/2016/06/12/opinion/sunday/yes-there-have-been-aliens.html.

35 Ernst Mayr, "Can SETI Succeed? Not Likely," The Planetary Society, http://daisy.astro.umass.edu/~mhanner/Lecture_Notes/Sagan-Mayr.pdf.

36 Brandon Carter, " e Anthropic Principle and its Implications for Biological Evolution," *Philosophical Transactions of the Royal Society A* 310, no. 1512 (December 1983): 347–63.

37 つけ加えておくと、天体物理学者マリオ・リヴィオらの著者は、カーターの業績の基盤を掘り崩す議論を提示してきた。Mario Livio, "How Rare Are Extraterrestrial Civilizations, and When Did They Emerge?" *The Astrophysical Journal* 511, no. 1 (1999): 429–31.

38 Hubert P. Yockey, "A Calculation of the Probability of Spontaneous Biogenesis by Information Theory," Journal of Theoretical Biology 67, no. 3 (August 7, 1977): 377–98.

39 Wentao Ma et al., "The Emergence of Ribozymes Synthesizing Membrane Components in RNA-Based Protocells," *Biosystems* 99, no. 3 (March 2010): 201–9.

第5章　最終項

1 William Bains. "Many Chemistries Could Be Used to Build Living Systems," *Astrobiology* 4, no. 2 (June 2004): 137–67.

2 J.R. Haas, "The Potential Feasibility of Chlorinic Photosynthesis on Exoplanets," *Astrobiology* 10, no. 9 (November 2010): 953–63.

3 J. Dulcic, A. Soldo, and I. Jardas, "Adriatic Fish Biodiversity and Review of Bibliography Related to Croatian Small-Scale Coastal Fisheries," http://www.faoadriamed.org/pdf/publications/td15/wp_dulcica.pdf.

4 Sharon Kingsland, *Modeling Nature: Episodes in the History of Population Ecology* (Chicago: University of Chicago Press, 1985), 106.

5 Philip J. Davis, "Carissimo Papà: A Great Fish Story," *SIAM News* 38, no. 8 (October 2005).

6 Kingsland, *Modeling Nature*, 4.

7 Mark Kot, *Elements of Mathematical Ecology* (Cambridge: Cambridge University Press, 2001), 11.

8 Kingsland, *Modeling Nature*, 109.

9 Kingsland, *Modeling Nature*, 106–15.

10 Kingsland, *Modeling Nature*, 1.

11 Rafael Reuveny, "Taking Stock of Malthus: Modeling the Collapse of Histrical Civilizations," *Annual Review of Resource Economics* 4 (2012): 303–29.

12 Reuveny, "Taking Stock of Malthus," 303.

13 Erich von Däniken, *Chariots of the Gods?* (1968; New York: Putnam, 1970)［『未来の記憶』松谷健二訳、角川書店、1997年］。

14 Jared Diamond, *Collapse: How Societies Choose to Fail or Succeed* (New York: Viking, 2005)［『文明崩壊―滅亡と存続の命運を分けるもの』楡井浩一訳、草思社、2012年］。

15 James A. Brander and M. Scott Taylor, "The Simple Economics of Easter Island: A Ricardo-Malthus Model of Renewable Resource Use," *American Economic Review* 88, no. 1 (March 1998): 119–38.

16 Bill Basener and David S. Ross, "Booming and Crashing Populations and Easter Island," *SIAM Journal on Applied Mathematics* 65, no. 2 (2004): 684–701.

17 Adam Frank and Woodru Sullivan, "Sustainability and the astrobi?ological perspective," *Anthropocene* 5 (March 2014): 32.

18 Adam Frank, "Could You Power Your Home With A Bike?," NPR, December 8, 2016, http://www.npr.org/sections/13.7/

2016/12/08/504790589/could-you-power-your-home-with-a-bike.

19 Rudy M. Baum Sr., "Future Calculations: e First Climate Change Believer," *Distillations*, Summer 2016, https://www.chemheritage.org/distillations/magazine/future-calculations.

20 L. Miller, F. Gans, and A. Kleidon, "Estimating Maximum Global Land Surface Wind Power Extractability and Associate Climatic Consequences," *Earth System Dynamics* 2 (2011): 112.

21 地球外文明の分布は、適切な平均を求めるには事態があまりにも複雑である可能性も考えられる。たとえば、標本となる地球外文明が多数存在したとして、それらの寿命には（短いものと長いものの）二つのピークがあるかもしれない。その種の結果が出ても、それはそれで興味深いだろう。

第6章　目覚めた世界

1 Marina Alberti, *Cities That Think Like Planets* (Seattle: University of Washington Press, 2016).

2 Drake and Sobel, *Is Anyone Out There?*.

3 Drake and Sobel, Is Anyone Out There?. また次の文献も参照されたい。"First Soviet-American Conference on Communication with Extraterrestrial Intelligence," Icarus 16, no. 2 (April 1972): 412.

4 Kenneth I. Kellermann, "Nicolay Kardashev," National Radio Astronomy Observatory, http://rahist.nrao.edu/kardashev_reber-medal.shtml.

5 Nikolai Kardashev, "Transmission of Information by Extraterrestrial Civilizations," *Soviet Astronomy* 8, no. 2 (September/October 1964): 217, and Milan M. Cirkovic, "Kardashev's Classification at 50+: A Fine Vehicle with Room for Improvement," *Serbian Astronomical Journal* 191 · (2015): 1–15.

6 "Energy of a Nuclear Explosion," *The Physics Factbook*, https://hypertextbook.com/facts/2000/MuhammadKaleem.shtml.

7 Freeman J. Dyson, "Search for Artificial Stellar Sources of Infrared Radiation," *Science* 131, no. 3414 (June 3, 1960): 1667–68.

8 J.T. Wright, R.L. Grififith, S. Sigurdsson, M.S. Povich, and B. Mullan, " The G Infrared Search for Extraterrestrial Civilizations with Large Energy Supplies, II. Framework, Strategy, and First Result," *Astrophysical Journal* 792, no. 1 (2014): 27.

9 Cirkovic, "Kardashev's Classification.".

10 Carl Sagan, *Carl Sagan's Cosmic Connection: An Extraterrestrial Perspective*, ed. Jerome Agel (Cambridge: Cambridge University Press, 2000).

11 Michio Kaku, "The Physics of Extraterrestrial Civilizations," http://mkaku.org/home/articles/the-physics-of-extraterrestrial-civilizations/.

12 Isaac Asimov, *Foundation* (New York: Gnome Press, 1951)［『ファウンデーション』岡部宏之訳、早川書房、2008年］。

13 Second Law of Thermodynamics, http://hyperphysics.phy-astr.gsu.edu/hbase/thermo/seclaw.html.

14 Matt Williams, "What is the Weather Like on Mercury?," *Universe Today*, July 24, 2017, https://www.universetoday.com/85348/weather-on-mercury/.

15 揮発性とは物理や化学の概念であり、物質の持つ、気化しようとする傾向をいう。惑星科学では、揮発性物質は「通常の」温度と気圧のもとで気化（もしくは沸騰）する物質を指す。たとえば水、二酸化炭素、メタンは揮発性物質だが、鉄は揮発性物質とは見なされない。

16 L. Kaltenegger and D. Sasselov, "Detecting Planetary Geochemical Cycles on Exoplanets: Atmospheric Signatures and the Case of SO2,"

Astrophysical Journal 708, no. 2 (2010): 1162–67, and J.F. Kasting and D.E. Canfield, " The Global Oxygen Cycle," in *Fundamentals of Geobiology*, ed. A.H. Knoll, D.E. Canfield, and K.O. Konhauser (Hoboken, NJ: Wiley-Blackwell, 2012), 93–104.

17 Adam Frank, Axel Kleidon, and Marina Alberti, "Earth as a Hybrid Planet: The Anthropocene in an Evolutionary Astrobiological Context," *Anthropocene* (forthcoming).

18 Donald Canfield, " The Early History of Atmospheric Oxygen," *Annual Review of Earth and Planetary Sciences* 33 (2005): 1–36.

19 Eleni Stavrinidou, Roger Gabrielsson, Eliot Gomez, Xavier Crispin, Ove Nilsson, Daniel T. Simon, and Magnus Berggren, "Electronic Plants," *Science Advances* 1, no. 10 (November 2015).

20 David Grinspoon, *The Earth in Human Hands* (New York: Grand Central Publishing, 2016).

21 ヴェルナツキーの著書によれば、イエズス会の司祭で古生物学者のピエール・テイヤール・ド・シャルダンは、決定的に神秘的な独自のノウアスフィアの概念を提起した。P. Teilhard de Chardin, *The Phenomenon of Man*, trans. Bernard Wall (New York: Harper, 1959), 238.

22 「ビッグヒストリー・プロジェクト」は、人類の占める位置をそれ以外の宇宙とともに提示するようなあり方で歴史を語る試みである。次のサイトを参照されたい。https://www.bighistoryproject.com/home.

Light of the Stars
Copyright © 2018 by Adam Frank
All rights reserved including the rights of reproduction in whole or
in part in any form.
Japanese translation rights arranged with
W.W.Norton & Company, Inc.
through Japan UNI Agency, Inc., Tokyo

地球外生命と人類の未来
人新世の宇宙生物学

著　者　アダム・フランク
訳　者　高橋洋

2019年1月30日　第一刷印刷
2019年2月10日　第一刷発行

発行者　清水一人
発行所　青土社

〒101-0051　東京都千代田区神田神保町1-29　市瀬ビル
［電話］03-3291-9831（編集）　03-3294-7829（営業）
［振替］00190-7-192955

印刷・製本　ディグ
装丁　松田行正

ISBN978-4-7917-7137-0　Printed in Japan

索引

カ行

タ行

ナ行

ハ行

マ行

ヤ行

ラ行

ワ行